STREAMPUNKS

ROBERT KYNCL & MAANY PEYVAN

STREAMPUNKS

TRADUÇÃO
CLAUDIA GERPE DUARTE

1ª edição

best.
business
RIO DE JANEIRO – 2019

CIP-BRASIL. CATALOGAÇÃO NA PUBLICAÇÃO
SINDICATO NACIONAL DOS EDITORES DE LIVROS, RJ

Kyncl, Robert
K99s Streampunks / Robert Kyncl; tradução de Claudia Gerpe Duarte. - 1ª ed. – Rio de Janeiro: Best Business, 2019.
320 p.; 14 x 21 cm.

Tradução de: Streampunks
ISBN 978-85-68905-75-3

1. Sociedade da informação. 2. Comunicação de massa – Inovações tecnológicas. 3. Internet – Aspectos sociais. 4. Recursos audiovisuais. 5. Vídeos para internet. 6. Youtube (Recurso eletrônico). I. Duarte, Claudia Gerpe. II. Título.

19-57324 CDD: 303.4833
CDU: 316.422:005.57

Vanessa Mafra Xavier Salgado – Bibliotecária – CRB-7/6644

Streampunks, de autoria de Robert Kyncl.
Texto revisado conforme o Acordo Ortográfico da Língua Portuguesa.
Primeira edição impressa em setembro de 2019.
Título original inglês:
STREAMPUNKS

Impresso no Brasil

ISBN 978-85-68905-75-3

Com Maany Peyvan

Para o garoto que está filmando um vídeo no smartphone
e que um dia se tornará o maior apresentador do mundo.

Sumário

Introdução

Não há nada na televisão.

Não estou exagerando, onde eu cresci realmente não havia. Nasci atrás da Cortina de Ferro, na Tchecoslováquia comunista, em 1970. Na minha adolescência, as opções de lazer eram, no mínimo, lúgubres. Os livros eram censurados pelo Departamento de Imprensa e Informação; tínhamos apenas um jornal, *Rude Právo,* publicação oficial do Partido Comunista; e o Estado controlava o rádio, as transmissões de rádio e televisão, os cinemas e as sinfonias. Era ilegal uma empresa privada imprimir uma publicação ou transmitir um sinal. Era ilegal reproduzir mais de 11 cópias impressas de qualquer coisa. E era ilegal uma banda se apresentar sem licença.

Diante dessas opções, eu só tinha uma escolha: ser criativo.

Eu conseguia livros por intermédio da *samizdat,* a rede de distribuição clandestina que começou durante a ocupação nazista (*1984* foi um dos meus primeiros favoritos). Ajustei com perfeição a antena do meu rádio transistor para ouvir bandas como Bon Jovi, Scorpions e Tears for Fears, que se misturavam aos ruídos nas transmissões da Alemanha Ocidental. E, quando eu tinha sorte, conseguia pôr as mãos em alguma fita VHS contrabandeada que amigos meus, de alguma maneira, tinham conseguido introduzir clandestinamente no país.

Ainda consigo me lembrar do primeiro filme ocidental a que assisti: *O Exterminador do Futuro*. Mas, como não havia dinheiro para fazer as legendas ou a dublagem em tcheco, alguém fez a narração para todos os personagens do filme. Assistir a esse filme era terrível para qualquer espectador. Mas isso não teve importância. Meus amigos e eu assistimos três vezes seguidas.

Hoje, observo minhas duas filhas adolescentes e as maneiras como elas podem se divertir. Observo a quantidade ilimitada de livros que elas podem ler em seus tablets (embora prefiram comprar livros na Amazon). Observo os milhares de fontes de informação disponíveis no celular delas para pesquisa. Observo os milhões de músicas que elas podem ouvir no Spotify, os milhares de filmes e séries aos quais elas podem assistir na Netflix e as centenas de canais do nosso pacote de televisão via satélite das quais elas podem usufruir recostadas no sofá. Observo tudo isso e penso em como elas têm muito mais opções de entretenimento do que eu tive durante a juventude. Na verdade, são opções imensamente mais numerosas do que aquelas disponíveis aos adolescentes norte-americanos há apenas dez anos. No entanto, mesmo com toda essa mídia diante delas, percebo como elas escolhem passar uma parte significativa do seu tempo livre: assistindo ao YouTube.

Em menos de uma geração, chegamos a um ponto no qual aquilo a que assistimos, lemos e ouvimos não é mais determinado apenas pelo Estado ou por monopólios corporativos, e sim por nós. Com a criação do YouTube, pela primeira vez as pessoas tiveram acesso à distribuição de vídeos gratuita, instantânea e global. Embora serviços de streaming como Netflix, Hulu e Spotify tenham feito um trabalho incrível distribuindo o conteúdo tradicional de novas maneiras, plataformas abertas como o YouTube mudaram quem é capaz de produzir, distribuir e consumir a mídia. De repente, *qualquer pessoa* no mundo pôde compartilhar um vídeo com *todas as pessoas* no mundo.

Ao longo de apenas uma década, essa liberdade teve poderosas implicações em toda a indústria da mídia. Ela redefiniu o que significa ser uma celebridade e quem pode se tornar uma. Ela colocou em evidência novas pessoas que entendem que a fama mudou. Ela aumentou a importância do envolvimento direto com os fãs, em vez de mantê-los a distância. E fez surgir um elenco de astros e estrelas muito mais diversificado e opiniático que se destaca dos inofensivos e inautênticos astros e estrelas das gerações anteriores.

Essa liberdade também mudou nossa perspectiva quanto ao que pode ser entretenimento. Ela desencadeou gêneros de conteúdo inteiramente novos e espantosamente populares, dos vlogs de beleza aos comentários de gamers e vídeos de unboxing. Essa liberdade encolheu nosso mundo, expondo-nos à mídia de outros países que estava há muito tempo oculta atrás das fronteiras. E ela deu a bilhões de pessoas a oportunidade de assistir a vídeos relacionados com seus interesses pessoais, em vez de ter que se satisfazer com o entretenimento produzido para as massas.

E essa liberdade mudou as regras das indústrias construídas para nos entreter e informar. Ela mudou a maneira como assistimos às notícias, empoderando jornalistas-cidadãos de Ferguson à Síria e documentando injustiças para que o mundo as presencie. Essa liberdade ajudou a elevar a propaganda a uma forma de arte, transformando comerciais em clipes imperdíveis. E ressuscitou o vídeo de música, conferindo aos aspirantes a músico uma nova maneira de chegar ao *mainstream*.

Minha vida hoje não poderia estar mais distante da minha juventude atrás da Cortina de Ferro. Cresci sonhando com o Ocidente, mas apenas em dar uma espiada nele. Hoje, como diretor de negócios do YouTube, minha função é ajudar a levar informações e entretenimento para mais de 1 bilhão de pessoas ao redor do mundo, muitas delas, inclusive, em países cujos governos tentam limitar esse acesso. E, em vez de oferecer apenas um vislumbre do mundo, o YouTube ergue um espelho para toda a experiência humana, refletindo todas as nossas alegrias, todas as nossas dificuldades, todas as nossas notícias e toda a nossa história.

Hoje, 1,5 bilhão de pessoas acessam o YouTube todos os meses para assistir à maior biblioteca de vídeos jamais reunida sempre que desejam, em qualquer lugar, em qualquer dispositivo. Algumas querem assistir ao último vídeo que viralizou, a um vídeo de música ou programas de fim de noite. Algumas querem pôr em dia as notícias ou o esporte. Outras querem aprender algo ou satisfazer algum interesse. Há, ainda, quem queira apenas assistir a anúncios. Mas a maioria das pessoas visita o YouTube para assistir a algo que não consegue encontrar em nenhum outro lugar: uma geração de diretores e apresentadores que construíram seu sucesso na plataforma, inspirados pelo desafio de compartilhar sua criatividade com o mundo.

Chamo esses pioneiros de *streampunks*.

Não escrevi este livro para falar sobre as origens do YouTube. Não o escrevi para pintar outro retrato corporativo de uma startup do Vale do Silício que está tentando "abalar uma indústria" ou "reescrever as regras". Eu o escrevi porque queria contar a história de um grupo incrivelmente talentoso de criadores e empreendedores que usaram o YouTube para fazer coisas incríveis. Alguns conquistam mais audiência que grandes programas de TV. Outros construíram negócios muito prósperos. Juntos, todos eles são responsáveis por mudar drasticamente a maneira como a mídia trabalha.

Por meio da história deles, espero descrever essa transformação. Espero realçar a tática que os fez chegar ao sucesso. Espero apresentar uma descrição genuína dos maiores desafios que eles enfrentaram no caminho. E espero demonstrar o impacto do sucesso deles no futuro da mídia.

Acima de tudo, espero ser capaz de criar uma conexão com meus interlocutores, que os entretenha e faça com que se sintam parte de um movimento em expansão.

Afinal de contas, os *streampunks* fazem isso todos os dias.

1. A ascensão dos *streampunks*

Sua orientação para uma nova classe de criadores

Eles entram com as câmeras em punho.

As portas de um estúdio de som no bairro de Chelsea, em Nova York, se abrem, e mais de cem das mais bem-sucedidas figuras da era digital invadem a sala com os telefones bem no alto para captar o momento enquanto a música "How Deep Is Your Love" de Calvin Harris ressoa no alto-falante. A idade deles, que abarca décadas, parece determinar a rapidez com que entram na sala. Os mais jovens, com menos de 20 anos, se apressam para conseguir os melhores lugares na frente, perto de um amplo palco. Os millennials, um pouco mais velhos, vêm logo atrás, dando mais valor à oportunidade de interagir uns com os outros do que à chance de se sentar na frente. Os últimos a entrar são os Geração X, os "anciãos" do YouTube, e é possível reconhecê-los quase instantaneamente;

eles são os únicos com mochilas. Mas sejam eles jovens ou (relativamente) velhos, quase todos esses *streampunks* registram sua entrada para mais tarde compartilhar o momento com milhões de fãs ao redor do mundo.

O YouTube Creator Summit é um dos encontros mais privilegiados do entretenimento. Todos os anos, nós, do YouTube, recebemos durante alguns tumultuados dias em Nova York as personalidades mais populares da plataforma, quando elas socializam entre si e escutam palestras inspiradoras de algumas das vozes mais criativas da área do entretenimento. É a Davos do cenário digital.

O Creator Summit é uma das poucas ocasiões em que esses criadores param de trabalhar. A maioria passa o ano inteiro trabalhando em novos vídeos para seus canais ou envolvida com seus fãs. Às vezes esse envolvimento é sancionado, durante reuniões com os fãs ou convenções, mas costuma ser espontâneo e alimentado por visualizações e tweets subsequentes. Quando foi divulgado na mídia social (como inevitavelmente acontece) que mais de cem dos principais YouTubers estavam em Nova York para o Creator Summit, dezenas de adolescentes ansiosos se enfileiraram no quarteirão do hotel deles em busca da chance de tirar uma almejada selfie. E, ao contrário de muitas celebridades importantes, que se esquivam do público e mantêm os fãs a distância, os criadores do YouTube tendem a se misturar com a multidão. O sucesso deles se deve, em parte, à sua acessibilidade no mundo digital, que se converte em expectativas de acessibilidade no mundo físico.

Talvez a pausa proporcionada pelo Creator Summit seja o motivo pelo qual os criadores parecem tão à vontade e relaxados nessa manhã de abril em Nova York, batendo palmas surpresos e sorrindo quando muitos se encontram pela primeira vez. Talvez seja por isso que eles começam a pôr as câmeras de lado depois de bater aquela primeira foto e passam a se abraçar. É uma turma global, mas mesmo assim eles reconhecem uns aos outros, e é possível ver Tyler Oakley, um dos mais populares criadores nos Estados Unidos, abraçando Brits Dan Howell e Phil Lester (os três são autores de best-sellers). Embora a maioria dos criadores acabe se sentando com seus compatriotas, nesses primeiros 5 minutos há um irresistível sentimento de respeito enquanto trocam cumprimentos com colegas do mundo inteiro. É possível sentir a camaradagem entre eles, como se todos jogassem no mesmo time.

E a verdade é que, não importa de onde venham, eles parecem mais semelhantes do que diferentes. Parecem pessoas que trabalham com o que gostam e não precisam prestar contas a ninguém a não ser a si mesmas. Eles usam os tênis mais raros, as roupas esportivas mais elegantes, marcas do Brooklyn e de Berlim tão relevantes para a moda atual quanto qualquer uma que encontraríamos em Milão. Ou então eles vestem o uniforme criativo global: calça jeans e camiseta. São tantos com tatuagens ou o cabelo pintado que aqueles que não têm se tornam exceções.

Talvez o melhor cabelo na sala seja o de Mark "Markiplier" Fischbach (pintado de vermelho vivo com suco em pó) e Seán "Jacksepticeye" McLoughlin (verde-menta), os criadores de games mais populares dos Estados Unidos e da Irlanda, respectivamente. Para quem não está familiarizado com o YouTube, pode ser difícil compreender o sucesso de

Mark e Seán, que basicamente filmam a si mesmos jogando videogames. Mas o modelo deles — no qual os criadores oferecem reações espontâneas e comentários enquanto fazem o streaming de si mesmos jogando diferentes games — é empregado por milhares de pessoas ao redor do mundo. Esses gamers abastecem uma máquina de atenção maciça, com centenas de milhões de pessoas gastando centenas de milhões de minutos assistindo a pessoas jogando videogames todos os dias.

Mas os gamers não são os únicos na sala criando conteúdo que você não esperaria ver no horário nobre. Eles são acompanhados por gurus de estilo de vida como Bethany Mota, Raye Boyce e Dulce Candy Ruiz, que postam tutoriais sobre cabelo e maquiagem e dicas de estilo de vida para seus espectadores. Compartilhando cenas do seu dia a dia enquanto opinam sobre qualquer assunto diante da câmera, vloggers como Casey Neistat têm tanta audiência quanto os grandes canais de tevê aberta. E gurus de gadgets, como Lewis Hilsenteger, com uma média de 1 milhão de visualizações por vídeo no seu canal Unbox Therapy, oferecem aos fãs uma mostra da gratificação do consumo, sem que eles tenham que abrir a carteira, revelando — ou *unboxing* — os mais recentes produtos tecnológicos.

Os gêneros que esses criadores representam — comentários de games, tutoriais de beleza, *unboxing* — nunca foram vistos na televisão. Nenhum executivo, inclusive nós, do YouTube, poderia adivinhar que esses gêneros, junto com várias outras novas categorias de conteúdo, se tornariam alguns dos mais populares na nossa plataforma.

Tente se colocar no lugar de um diretor de estúdio de televisão. Se alguém o procurasse e dissesse que queria filmar uma exibição de si mesmo fazendo *trick shots*,* fazendo uma trança no cabelo da própria filha ou filmando coisas legais com uma câmera 4K de alta velocidade em câmera superlenta, você daria o sinal verde para essa pessoa? Provavelmente não. Mas é exatamente assim que os membros do coletivo de esportes Dude Perfect, a família por trás de Cute Girls Hairstyles e os criadores de The Slow Mo Guys conseguiram milhões de assinantes nos seus canais e hoje estão participando do Creators Summit.

Além dos astros e estrelas desses canais originais, também estão na sala criadores responsáveis por reinventar nichos conhecidos da televisão para o público moderno. Os chefs britânicos do Sorted Food não apresentam apenas programas de culinária; eles escutam atentamente o feedback de seus espectadores para preparar os pratos pedidos pelos fãs, e cujo tempo de resposta se dá em dias, não em temporadas. Destin Sandlin, um engenheiro do Alabama, apresenta uma série chamada Smarter Every Day, na qual ele explica a física por trás de temas tão diversos quanto a viagem espacial e a remoção de tatuagem a laser. A série é apresentada com muito mais frequência do que o conteúdo educacional que vai ao ar na PBS aos sábados de manhã ou do que os programas ocasionais no TLC, ainda focados no aprendizado. Jamal Edwards fundou a rede de músicas digitais SBTV no YouTube quando tinha apenas 16 anos, chamando atenção para o ambiente imundo da zona leste de Londres, para o qual a MTV tinha fechado os olhos

*Jogada em uma mesa de bilhar que parece improvável, impossível ou que requer uma habilidade excepcional. Em uma tradução livre, seria "jogada com truque". (*N. da T.*)

(lançando, depois de um tempo a carreira de Ed Sheeran). E Cenk Uygur, o fundador de The Young Turks, criou o primeiro programa de notícias em vídeo da internet em 2002; hoje, ele é o maior programa de notícias on-line do mundo.

Além de um conteúdo que não encontraríamos na televisão, uma olhada no outro lado da sala revela rostos que normalmente também não vemos no ar. Como se pôde observar com as controvérsias a respeito da diversidade em Hollywood, como #OscarSoWhite, os criadores do YouTube tendem a oferecer um reflexo muito mais preciso das culturas que eles representam. Lilly Singh, mais conhecida pelos seus fãs como ||Superwoman||, ficou famosa abraçando suas origens imigrantes e personificando seus pais indianos em vídeos de esquetes (retiro o que eu disse anteriormente, o cabelo *dela* era o melhor da sala). Seu amigo e colaborador ocasional "sWooZie", também conhecido como Adande Thorne, causou problemas quando entrevistou o ex-presidente Barack Obama e levantou assuntos como a violência policial e o perfil racial em 2016 depois do último discurso do Estado da União da sua presidência. Wesley Chan, Ted Fu e Philip Wang, da companhia de produção Wong Fu, estão determinados a criar séries e filmes com norte-americanos de descendência asiática sem espaço em Hollywood. E Sami Slimani, guru de estilo de vida de origem tunisiana, conhecido pelo nome HerrTutorial, é um dos YouTubers mais populares na Alemanha.

A natureza global do YouTube é inegável: quase 80% do seu tráfego vem de fora dos Estados Unidos. No passado, eram raras as séries de televisão que ultrapassavam as fronteiras de um país para outro. Na maioria das vezes, se tratava de um sucesso da BBC que era depois exportado para o mundo inteiro. No YouTube, os membros do grupo de comédia Porta dos Fundos avançaram bastante para redefinir a comédia de esquete no Brasil, mas seus vídeos também estão sendo visualizados por dezenas de milhões de pessoas na Europa e na Ásia. HolaSoyGerman, um dos criadores mais populares do YouTube, tem quase tantos fãs nos Estados Unidos quanto no seu país natal, o Chile. E quase todo mundo sabe que um dos vídeos mais visualizados de todos os tempos do YouTube é "Gangnam Style" de Psy, uma música do estilo K-pop a respeito de um bairro em Seul cantada quase toda em coreano.

Há muito tempo, a música é uma parte essencial do atrativo do YouTube. A plataforma se tornou uma poderosa fonte de descoberta para fãs interessados em novas músicas, bem como para selos musicais interessados em novos talentos. Justin Bieber foi descoberto no YouTube aos 12 anos de idade depois de um executivo da música chamado Scooter Braun ter visto uma filmagem dele em um show de talentos canadense; três anos depois, Justin lotava o Madison Square Garden. Macklemore foi outro artista cuja fama explodiu quando seu vídeo "Thrift Shop" fez com que ele passasse de sensação do YouTube para vencedor do Melhor Álbum de Rap do Grammy Awards. Juntando-se a esses artistas hoje consagrados estão os grupos independentes do YouTube, como Pentatonix e Boyce Avenue, cujos vídeos de covers e gravações originais os ajudaram a conquistar discos de platina e a ficar no topo das paradas de sucesso no mundo inteiro.

O sucesso digital claramente migrou para o mundo editorial. Um quarto dos participantes do Creators Summit escreveram best-sellers, desde a coleção de histórias engraçadas de Tyler Oakley, *Binge*, até o livro de culinária

My Drunk Kitchen de Hannah Hart, a entusiasta do vinho de caixinha. Zoe "Zoella" Sugg, uma vlogger que mora em Brighton, escreveu o romance de estreia que vendeu mais rápido na história do Reino Unido, superando J. K. Rowling. No entanto, de longe, o autor mais famoso na sala é John Green, cujo livro *A culpa é das estrelas* é um dos mais vendidos de todos os tempos e resultou em uma bem-sucedida adaptação para o cinema.

A indústria do cinema está cada vez mais de olho no YouTube em busca de talentos. Tanto o Pentatonix quando o comediante/ator/DJ alemão Flula Borg receberam bons papéis no sucesso de bilheteria *A escolha perfeita 2*. Em 2009, um diretor uruguaio chamado Fede Alvarez fez o upload de um curta-metragem chamado *Panic Attack!*, a respeito de uma invasão alienígena, produzido com US$300; três dias depois, sua caixa de entrada estava repleta de convites de estúdios de Hollywood e, cinco semanas mais tarde, ele tinha assinado um contrato de supostos US$30 milhões para dirigir uma série de filmes, entre eles uma refilmagem de *Uma noite alucinante: A morte do demônio*. E Barbara Kopple, diretora ganhadora do Oscar, lançou recentemente no festival de Sundance um documentário a respeito da transição de gênero da YouTuber Gigi Gorgeous.

Na televisão, a história é bastante semelhante. Os criadores do YouTube não apenas atuam, como também escrevem, produzem e até dirigem. Quando Rachel Bloom ganhou um Globo de Ouro por seu desempenho na comédia musical *Crazy Ex-Girlfriend*, uma série que ela também criou, seus agradecimentos foram para sua parceira de criação, a escritora Aline Brosh McKenna, que a descobrira nos vídeos cômicos de música que Rachel carregara no YouTube.

Issa Rae seguiu pelo mesmo caminho ao fazer a transição da sua série de sucesso *The Misadventures of Awkward Black Girl* no YouTube para sua série na HBO, *Insecure*. E a antipática personagem Miranda Sings de Colleen Ballinger foi um sustentáculo no YouTube antes de ela estrelar e produzir sua própria produção original da Netflix, *Haters Back Off*.

Se tudo isso é novidade para você, é possível que tenha se surpreendido com os resultados de uma recente pesquisa de opinião da *Variety*, que perguntou a estudantes norte-americanos do ensino médio quais eram suas celebridades favoritas. Os YouTubers ocuparam as seis primeiras posições, superando nomes como Taylor Swift, Johnny Depp e Leonardo DiCaprio. Outras pesquisas obtiveram resultados semelhantes no México, no Brasil, no Reino Unido, e até mesmo na Finlândia (onde 12 das vinte celebridades mais populares eram criadores do YouTube!).

Essas pesquisas começam a fazer sentido quando perguntamos aos adolescentes e aos millennials sobre o relacionamento que têm com seus criadores prediletos do YouTube e como esses vínculos diferem do seu relacionamento com as celebridades tradicionais. Quando entrevistamos nossos assinantes de mesma faixa etária, 40% nos disseram que os YouTubers os compreendiam melhor do que seus amigos ou familiares.* Além disso, colossais 60% nos disseram que um criador havia mudado sua vida ou visão do mundo.

Talvez seja por isso que astros e estrelas tradicionais da televisão estejam usando cada vez mais o YouTube como uma maneira de se conectar com uma geração mais jovem de telespectadores. Na década de 1990, as guerras do fim da

*Como eu tenho duas filhas, entendo bem isso. *(N. do A.)*

noite eram travadas entre duas redes de televisão durante determinado horário. Hoje, o campo de batalha passou a ser on-line, com Jimmy Fallon e Stephen Colbert se juntando a Conan O'Brien, Jimmy Kimmel, James Corden, Trevor Noah, Samantha Bee e Seth Meyers como celebridades da noite acumulando visualizações todas as horas, todos os dias. Na realidade, o formato do fim da noite mudou, deslocando-se do que pareciam ser entrevistas promocionais ensaiadas para uma série de esquetes disponíveis individualmente para consumo durante um rápido intervalo.

O mundo do esporte está passando por uma transformação semelhante. Há muito tempo o YouTube é o lar dos destaques, o lugar para assistir a enterrada imperdível no basquete da noite anterior ou aquele gol simplesmente inacreditável. Cada vez mais, também estamos passando a ver o que acontece fora da quadra ou do campo, com filmagens dos bastidores e dos treinos compartilhadas on-line. Além disso, ligas esportivas progressistas como a NBA e a NFL estão, cada vez mais, compartilhando filmagens de antigos jogos dos arquivos no YouTube, oferecendo outra maneira de fãs devotos desfrutarem os esportes que amam. A atual geração de fãs do esporte pode assistir a MJ no seu apogeu com a mesma facilidade com que pode assistir a Steph Curry no dele.

Até mesmo a publicidade encontrou nova vida on-line. Você pode pensar nos comerciais como algo que pode pular no YouTube, mas na verdade o conteúdo criado por marcas é responsável por alguns dos vídeos mais populares na plataforma todos os anos. Uma nova geração de publicitários, cientes de que os comerciais podem se estender além dos limites do anúncio típico de trinta segundos, estão criando algumas das mais brilhantes propagandas jamais vistas. O Super Bowl costumava ser a única ocasião em que as pessoas iam para frente da TV apenas para assistir a anúncios. Hoje, elas fazem isso todos os dias. Na realidade, as marcas começaram a passar prováveis comerciais do Super Bowl *primeiro* no YouTube como parte do nosso "Ad Blitz" anual, para poder escolher o mais popular para colocar no ar durante o grande jogo.

E, assim, o mundo do YouTube se estende para muito além deste palco sonoro em Chelsea, abrangendo a Madison Avenue e a Madison Square Garden, a Zona de Trinta Milhas [Thirty Mile Zone] de Hollywood (exato, é isso que TMZ, o nome do site, representa), e as capitais estrangeiras de filmes de Bollywood (na Índia) e Nollywood (na Nigéria). Ele está conectado a todas as capitais da música, de Nashville a Berlim e a Seul, bem como às capitais dos países, oferecendo as últimas notícias de Washington, Londres, Bruxelas e Moscou. Ele atrai talentos de todos os cantos do mundo, com dezenas de milhões de aspirantes a criadores em lugares tão distantes quanto o Rio de Janeiro e Nairóbi, Dubai e Mumbai, Tóquio e Tel Aviv. Ele até mesmo volta ao passado, oferecendo o mais abrangente arquivo da história da humanidade até esta data, mantendo o registro de eventos tanto banais quanto transcendentes, de viagens ao zoológico a viagens à lua.

Foi devido à enormidade do que está acontecendo no YouTube que me senti levado a fazer parte dele. Antes do YouTube, trabalhei na Mutual Film Company (uma financiadora de filmes) e na HBO, até levantar acampamento e ir para a Netflix. Foi nesta última que encontrei uma paixão por aquilo que a internet poderia trazer para o entretenimento, ajudando a dirigir a transição da empresa de um negócio de vendas de DVD pelo correio para um serviço de streaming por assinatura. Mas foi a natureza aberta e global do YouTube, seu potencial ilimitado e sua presença em todos os cantos do mundo que me levaram a acreditar firmemente que ele representava o futuro do entretenimento. Quando fui convidado a ajudar o YouTube a moldar seu futuro e atrair uma quantidade ainda maior de conteúdo, agarrei a oportunidade com unhas e dentes.

E agora está na hora de eu me tornar o centro das atenções e dar o pontapé inicial neste dia de inspiração para nossos principais YouTubers. Durante o evento, eles ouvirão os irmãos Coen falar sobre criatividade, e Aziz Ansari sobre a direção de séries, ouvirão Rachel Ray dizer onde vão cozinhar, discutirão tendências da comédia com as mulheres de Broad City e contarão histórias com a equipe por trás de The Moth. Por um golpe de sorte, tenho boas notícias para dar, já que a Interpublic, uma das maiores agências de publicidade do mundo, acaba de anunciar que deslocará para o YouTube US$250 milhões do orçamento previsto para comerciais de televisão. Com as estatísticas de audiência dos programas de tevê declinando e as do YouTube crescendo em um ritmo impressionante, muitos na imprensa veem isso como um sinal do que está por vir.

Munido desse conhecimento, vou até o microfone e digo: "Sejam bem-vindos à sala mais poderosa, influente e descolada da mídia."

2. ||Superwoman|| vem ao supermercado

Por que o espaço na prateleira é fundamental para entender como a indústria da mídia funciona hoje em dia

Se você se formou na faculdade antes de o presidente Obama tomar posse, você provavelmente está se perguntando: como isso pôde acontecer? Quem são Markiplier e ||Superwoman||? Como esses criadores — muitos dos quais você possivelmente nunca ouviu falar — estão ganhando mais do que atores, encabeçando listas de música, lotando estádios e entrevistando presidentes e primeiros-ministros? E, para início de conversa, como eles conseguiram tanta popularidade?

Essas perguntas refletem um crescente sentimento de confusão a respeito do que estamos presenciando coletivamente. Há vinte anos, a resposta era simples: nós assistíamos à televisão. Ainda em 1998, mais de 20% dos lares norte-americanos estavam assistindo a *Seinfeld* todas as semanas e aparentemente todo mundo conhecia George, Jerry, Elaine e Kramer pelo nome. No entanto, depois disso, nenhum programa foi capaz de reunir uma audiência tão grande. Na realidade, o tipo de onipresença desfrutada por *Seinfeld* é quase impossível de se alcançar agora, pois há cada vez mais programas competindo pela nossa atenção.

Parece que, todos os dias, há uma nova série a ser descoberta. No universo da TV a cabo e dos serviços digitais como Netflix, Hulu e Amazon Prime, mais de quinhentas novas séries originais seriam lançadas em 2017 — trezentas a mais do que em 2009 —, e esse número nem inclui as mais de quatrocentas horas de vídeo cujo upload é feito no YouTube a cada minuto.

Com tantas opções, nem todo mundo assiste à mesma coisa. E, mesmo quando assistimos, não o fazemos na mesma hora. No passado, você encontrava um novo programa no seu decodificador da TV a cabo ou por satélite e assistia ao lançamento dele junto com todas as outras pessoas. Agora você talvez precise de uma Smart TV ou de uma assinatura mensal de um serviço específico, e *mesmo assim* você pode acabar ficando dez episódios atrás do seu vizinho que fez uma maratona da série.

Aquilo a que assistimos, quando assistimos e como assistimos mudou substancialmente desde a virada do século, e toda essa mudança parece estar se tornando cada vez mais rápida. Mas se você deseja entender o que está acontecendo, o que você realmente precisa compreender é o supermercado do seu bairro.

Quer você perceba, quer não, ao entrar em um supermercado, os produtos que você vê nas prateleiras são os vencedores de uma dura competição. Um lugar na prateleira de um supermercado — ou, melhor ainda, uma prateleira em uma grande rede internacional como a Walmart ou a Costco — garante que milhões de consumidores terão a chance de ver seu produto e potencialmente comprá-lo. Não importa o que você ouviu falar a respeito do varejo on-line, a verdade é que a maioria dos gastos do mundo ainda acontece dentro de lojas físicas, e colocar seu produto nessas lojas ainda é a melhor maneira de garantir algum nível de visibilidade e vendas.

Ora, colocar seu produto naquela prateleira requer uma negociação com essas grandes redes varejistas. E uma das melhores maneiras de aumentar sua influência em uma negociação é oferecer vários produtos. Ao longo do último século, as empresas de bens de consumo embalados, como a Procter & Gamble, e as companhias de alimentos, como a Nestlé, deixaram de ser pequenas empresas que vendiam alguns itens e se transformaram em gigantescos conglomerados multinacionais com dezenas de marcas de renome e milhares de produtos. Alguns produtos são criados por elas próprias, mas a maioria foi acumulada com a aquisição de outras empresas. E elas usam a popularidade dos seus campeões de vendas — como o sabão Tide ou o chocolate Kit Kat, nos Estados Unidos — para negociar lugares melhores na prateleira e também garantir que as lojas tenham em estoque seus produtos novos ou menos conhecidos.

Mas os varejistas não ficam parados. Diante dessa crescente influência, eles também se mesclam, crescem e adquirem novas redes e locais, principalmente para se beneficiar de maiores economias de escala mas também para ganhar poder de barganha sobre seus fornecedores. Eles podem usar essa força para fazer uma série de coisas, desde limitar o número de produtos novos e não testados que eles aceitam a negociar preços mais baixos com os fornecedores. Essas negociações vão e voltam, uma constante queda de braço entre produtores e vendedores enquanto cada lado tenta levar a melhor.

De maneira bastante semelhante, é assim que a indústria da televisão funciona hoje em dia. As operadoras de TV a cabo e satélite, como a Comcast e a DirectTV, podem oferecer apenas um determinado número de canais em um pacote de TV pago, como o número limitado de prateleiras que um varejista tem para oferecer em qualquer loja. As empresas de mídia, como a Fox e a Disney, agrupam listas dos seus canais (produtos, na nossa analogia) e negociam sua colocação com as empresas de cabo e satélite.

Assim como no caso dos produtores e varejistas, a mesma dinâmica que se aplica ao supermercado se consolidou na mídia. As redes de televisão começaram a adquirir novos canais (por exemplo, a ABC comprou a ESPN e a NBC comprou a Telemundo), expandindo substancialmente suas listas de programas para aumentar seu poder de barganha sobre as distribuidoras de cabo e de satélite. Em resposta, uma onda de consolidação teve lugar na indústria de cabo e satélite, transformando-a de uma indústria antes formada por empresas locais e regionais em uma de poucos concorrentes (qualquer pessoa que tenha tentado comparar preços de empresas de TV a cabo sabe muito bem como são pouquíssimas as opções).

Como resultado de toda essa consolidação de redes e distribuidoras, um punhado de enormes conglomerados de mídia controlados por apenas algumas pessoas determinava o que a maioria das pessoas assistia. Durante décadas, esses figurões atuavam como os controladores dos meios de comunicação de massa. Eles não eram eleitos nem escolhidos, mas alguns deles — menos de uma dúzia — detinham um gigantesco poder cultural baseado na sua capacidade de decidir o que era produzido e o que era visto.

Por sorte, podemos nos voltar para a televisão e observar um perfeito exemplo dessa dinâmica. Em um dos episódios mais memoráveis de *Seinfeld*, George e Jerry estão em uma reunião com executivos da NBC, apresentando para a rede uma ideia sobre um novo programa de televisão. Jerry começa a explicar o conceito, mas George, em um ataque supremo de confiança inapropriada, o interrompe.

"Se você me der licença, Jerry... Acho que consigo resumir o programa para você em uma única palavra", diz ele para o diretor da NBC. "Nada. O programa é a respeito de nada."

"Nada?", pergunta o executivo.

"Nada", responde George.

O diretor da NBC não fica muito impressionado com a ideia. Confuso, ele pergunta: "Bem, por que eu o assistiria?"

George, frustrado, responde rápido: "Porque ele está passando na televisão!"

"Ainda não", lembra a ele o diretor da NBC.*

Esse diálogo brilhante explica quatro décadas da indústria da televisão em dez segundos. O que George disse era completamente verdadeiro: até a década de 1990 e a expansão da TV a cabo, a maioria das pessoas tinha acesso a apenas quatro canais importantes nos Estados Unidos e a um número ainda menor de opções se vivessem em outros países. Isso significava que você assistia ao que quer que

*Caso tenha dificuldade para imaginar a cena, procure-a no YouTube. *(N. do A.)*

passasse na televisão, da mesma maneira como comprava os produtos vendidos no supermercado do seu bairro. Às vezes, o que passava era um programa aclamado pela crítica e bastante popular, como *Seinfeld*. E às vezes era *Joe Millionaire*.

Quanto a quem determinava o que era exibido, aquela cena também acerta em cheio. Costumava ser um homem branco, geralmente com um elevado grau de instrução, que trabalhava em Nova York e tinha um escritório bem-equipado. Se você quisesse criar um programa, era preciso, de alguma maneira, entrar naquela sala e vender a sua ideia para uma rede de televisão. O executivo daquela rede tinha, então, que dar o sinal verde para um episódio-piloto daquele programa. A partir da recepção do piloto, o programa teria de concorrer com outros programas pelo número limitado de horários disponíveis em qualquer canal. E esse canal teria de estar incluído no pacote de TV a cabo da maioria das pessoas para que o programa ao menos tivesse a chance de ser visto.

Embora eu esteja falando sobre televisão, esse modelo dominado pelos figurões também se aplicava a outros meios de comunicação de massa, como o filme, a mídia impressa e a música. Qualquer situação em que houvesse um espaço limitado nas prateleiras (literalmente, no caso dos livros, CDs e DVDs; metaforicamente, no caso da largura de banda do cabo ou espectro de transmissão) significava que tanto os produtores quanto os distribuidores de conteúdo tinham de negociar a inclusão desse conteúdo, conduzindo a uma menor variedade na indústria e a um aumento de poder nas mãos de menos controladores.

E então chegou a internet. Ela trouxe muito consigo: o e-mail, a mensagem instantânea, Pets.com — mas talvez o mais importante tenha sido uma quantidade infinita de espaço na prateleira. Se quiser vender seu produto, você não precisa brigar para que ele seja estocado no supermercado do seu bairro; você pode colocá-lo na Amazon ou na Etsy junto com uma seleção quase infinita de outros produtos, ou até mesmo vendê-lo diretamente no seu site. Se você quiser que sua música seja ouvida ou que seu programa seja visto, não precisa fazer uma audição com um executivo da indústria fonográfica em Nova York, Los Angeles ou Londres; você pode colocá-la on-line no YouTube e ter o potencial de atingir mais de 1 bilhão de pessoas. Você não precisa mais jogar o jogo, pode abraçar o etos streampunk, fazer sua autopublicação e ser descoberto. E nenhum controlador pode se colocar no seu caminho.

Essa nova dinâmica começou com a mídia impressa e os blogs, mas depois, em 2005, se consolidou no vídeo. Em um dia nublado em San Diego, dois amigos estavam diante do cercado dos elefantes em um zoológico e filmaram o primeiríssimo clipe que apareceria em um novo site de hospedagem de vídeos. Ele tinha como protagonista principal Jawed Karim, um jovem com uma jaqueta larga e que fazia uma piada infantil: "O legal desses caras é que eles têm trombas muito, muito, muito... Compridas." E o vídeo era completamente sem graça: 19 segundos de filmagem oscilante feita em uma câmera de vídeo de baixa definição.

Mas a ideia por trás do site que Jawed e seus amigos e ex-colegas de trabalho no Paypal, Chad Hurley e Steve Chen, criaram para hospedar aquele vídeo *foi* incrível, e seu poder estava na abordagem: faça propaganda de si mesmo. Compartilhe um vídeo de si mesmo no YouTube e qualquer pessoa com uma conexão com a internet pode facilmente encontrá-lo.

Hoje parece difícil acreditar, mas, antes do YouTube, o ato de colocar uma filmagem on-line era um pesadelo. Envolvia levar o cassete de uma câmera de vídeo a uma loja, pedir que o digitalizassem e o gravassem em um CD, e depois pagar para fazer o upload dos arquivos de vídeo em um servidor privado ou um site de hospedagem. Sinceramente, seria mais fácil tentar vendê-lo para o executivo de uma rede de comunicações.

Mas aí surgiu um site disposto a hospedar esse vídeo de graça, para qualquer pessoa, para sempre. O YouTube passou a oferecer distribuição global instantânea, possibilitando que qualquer um compartilhasse algo a que todos pudessem assistir. O YouTube lhe oferecia um pequeno espaço na prateleira, outro no *dial*, e, a partir de então, a indústria da mídia nunca mais foi a mesma.

Durante décadas, a indústria da mídia se baseou na ideia de que um punhado de executivos da rede de comunicações sabia melhor do que ninguém o que milhões de pessoas achariam divertido, agradável, interessante ou digno de nota. Mas, com o surgimento do YouTube e de outras plataformas abertas, descobrimos que os interesses das pessoas são muito mais heterogêneos e exclusivos do que aqueles executivos jamais imaginaram. E também observando que as pessoas estão bem mais abertas a descobrir novas vozes do que a depender das que já estão consagradas. A impressionante popularidade dos vídeos de games de Markiplier, dos esquetes da ||Superwoman|| ou da música de Pentatonix é uma prova de que há mais talentos no mundo do que Hollywood jamais deixou passar pela porta, e mais demanda para um entretenimento que não se parece com nada que já exista nas transmissões de rádio e TV.

E muitos desses criadores independentes superam competitivamente os profissionais! Em vários casos, mais pessoas estão optando por assistir a YouTubers do que a programas na televisão sobre assuntos semelhantes. Algo parecido com o que o cinema independente nos mostrou no início da década de 1990 está se revelando verdadeiro no caso da televisão: vozes fora do sistema podem, muitas vezes, ser mais convincentes do que aquelas dentro dele.

Partimos do princípio de que indústria da mídia é diferente das outras indústrias; que os princípios de um livre mercado têm menos influência e que precisamos de figurões para abençoar aquilo que apreciamos. Mas o sucesso dos criadores independentes em plataformas abertas, como o YouTube, indica que as mesmas regras econômicas se aplicam tanto à mídia quanto a qualquer outra indústria.

Mais ou menos na época do lançamento do YouTube, eu era funcionário da Netflix. Comecei trabalhando na sala de correspondência de uma agência de talentos, depois ocupei cargos na Mutual Film Company e na HBO, chegando à Netflix convencido de que a empresa revolucionaria o entretenimento doméstico e derrubaria as redes de locadoras como a Blockbuster. E foi exatamente isso o que aconteceu no início da década de 2000. Porém, uma vez que o negócio de vendas de DVD pelo correio da empresa realmente tinha se estabelecido, comecei a ficar um pouco entediado.

Certo dia, meu chefe, Reed Hastings, pediu um voluntário que o ajudasse a liderar um novo projeto paralelo: em vez de enviar DVDs físicos pelo correio para os clientes, será que conseguiríamos descobrir uma maneira de fazer com que nossos clientes assistissem a filmes e programas de televisão digitalmente, pela internet? Agora, voluntariar-se para liderar um novo projeto é uma péssima escolha na Netflix. A cultura da empresa se orgulha de um foco extremo, eliminando sem dó iniciativas comerciais que não sejam essenciais para a estratégia geral. Você pode trabalhar em algo durante anos e ver esse projeto simplesmente ser desativado em uma rápida reunião. Mas eu estava ansioso por um desafio, e me ofereci para assumir o novo projeto. Fui o único voluntário.

Não era a primeira vez que a Netflix tinha avaliado uma opção apenas pela internet, mas foi somente em meados de 2000 que as velocidades de dados e de largura de banda finalmente atingiram o ponto em que pedir aos usuários que baixassem um filme inteiro on-line deixou de ser uma ideia maluca. O pensamento inicial era que iríamos criar e fornecer aos clientes um "decodificador Netflix" para baixar filmes durante a noite para assistir no dia seguinte. Era incrivelmente difícil adquirir os direitos de download de filmes, assim como era difícil criar o novo decodificador e o serviço, mas, em 2005, finalmente estávamos prontos para o lançamento.

Foi então que vi o YouTube pela primeira vez. Mais precisamente, vi vídeos granulados de acidentes de snowboard e pessoas colocando fogo na cozinha, e percebi que esses vídeos estavam atraindo grandes índices de audiência, tornando o YouTube um dos sites que cresciam mais rápido na internet. Nós, na Netflix — junto com todas as outras pessoas da indústria na época —, estávamos concentrados em entregar filmes com a melhor qualidade disponível. No entanto, o YouTube deixou claro que as pessoas estavam dispostas a trocar fidelidade por conveniência e velocidade.

Presenciar a popularidade do YouTube foi uma revelação. E fez com que interrompêssemos nosso lançamento e mudássemos para um serviço com o qual os clientes fizessem remotamente o streaming de filmes em vez baixá-los. Essa mudança levou dois longos anos, durante os quais tivemos de renegociar todos os nossos direitos e construir uma arquitetura inteiramente nova para hospedar e oferecer conteúdo. Tivemos que mudar nosso "decodificar Netflix" de um disco rígido que faria download de vídeos para outro que faria o streaming deles.* Em 2007, finalmente lançamos o streaming da Netflix, porque vimos o potencial que o YouTube oferecia.

Todos os meses, o YouTube parecia estar crescendo mais rápido, inaugurando novos mercados, aumentando seu número de visualizações e atraindo cada vez mais pessoas para compartilhar vídeos. Em 2011, quando deixei a Netflix para fazer parte do YouTube, cerca de quarenta horas de vídeo estavam sendo carregadas por minuto. Em 2017, esse número aumentou dez vezes.

No entanto, por mais poderosa que fosse a ideia do YouTube de uma distribuição global gratuita de vídeos, não creio que ela tenha sido suficiente para conduzir à nossa atual era streampunk. Para mim, houve outros três fenômenos fundamentais para explicar o sucesso de estrelas como ||Superwoman||.

O primeiro tem a ver com uma decisão que o YouTube tomou bem no início de sua história: pagar seus criadores.

---

*Semanas antes do lançamento do nosso serviço de streaming, a Netflix fez o *spin-off* do "decodificador" e ele se tornou uma empresa separada, chamada Roku; mais uma vez, uma demonstração do forte desejo da empresa de se concentrar nas suas competências específicas. *(N. do A.)*

Qualquer empreendimento da nova mídia sofre com o mesmo problema: como fornecer um conteúdo que vá atrair espectadores? Isso acontece no começo de qualquer blog, revista, rede de televisão ou serviço de streaming de vídeo. Seu primeiro instinto pode ser pagar alguém já conhecido para criar conteúdo para você, usando uma marca estabelecida para atrair atenção para a sua.

Quando o YouTube começou, a abordagem não foi diferente. Além de hospedar todos os vídeos carregados pelos usuários, o YouTube assinou acordos com a NBC e também com empresas de menor porte, como o CollegeHumor.com, dando a eles uma parcela da receita dos anúncios em troca do conteúdo que eles carregavam no site.

Então, o YouTube tomou uma decisão original: em 2007, lançou o Programa de Parceria [Partner Program], estendendo o compartilhamento da receita dos anúncios para todos os tipos de criadores, não apenas para as empresas de mídia consagradas. Ao alcançar um determinado número de visualizações ou assinaturas, você podia dar ao YouTube o direito de vender anúncios atrelados aos seus vídeos e receber a maior parte do dinheiro que ele obtivesse com o tráfego do seu canal.

Se você falar com pessoas que estavam no YouTube naqueles primeiros dias, a criação do Programa de Parceria não foi uma decisão puramente de negócios. Em vez disso, ela cumpria a promessa de igualdade, de que qualquer pessoa seria capaz de criar conteúdo.

George Strompolos, atual CEO da companhia de mídia Fullscreen, ajudou a criar o Programa de Parceria. Ele me disse que a empresa "queria garantir que o YouTube fosse um lar para novas vozes, não apenas para serem vistas, mas esperançosamente para gerar alguma renda e possibilitar que as pessoas conseguissem viver daquilo". Uma coisa era dar às pessoas a oportunidade de se conectarem com uma audiência; outra era dar a elas um contracheque.

Há muita discussão hoje em dia a respeito da economia compartilhada e do que empresas como Uber, Lyft e TaskRabbit devem aos seus funcionários. Mas, muito antes de existir uma economia compartilhada, havia uma economia social. Essa economia funciona porque os usuários fornecem conteúdo (posts, tweets, fotos, snaps, vines ou vídeos), um número enorme de pessoas acessa para ver esse conteúdo, e os anunciantes pagam para exibir anúncios atrelados a esse conteúdo para colocar seus produtos diante dos espectadores. Sem a contribuição voluntária de bilhões de pessoas, a economia social desmoronaria. No entanto, é triste que, até esta data, o YouTube é o único dos grandes participantes na economia social que paga a todos os seus criadores uma parcela da receita dos anúncios gerada pelo seu conteúdo.

Em pouco mais de uma década, a escala dos pagamentos das parcerias do YouTube se tornou enorme. Embora alguns contracheques sejam menores do que outros, até hoje pagamos bilhões de dólares para criadores de conteúdo de todos os portes. Esse dinheiro ajudou a ancorar o crescimento de várias empresas da nova mídia, como Vice, BuzzFeed e Fullscreen, a empresa de George. Ele ajudou a fortalecer o resultado final de empresas tradicionais da mídia e selos musicais (pagamos US$3 bilhões apenas à indústria da música). E criou toda uma camada de serviço B2B (business-to-business) de firmas voltadas para o serviço, que fornecem a infraestrutura para que o vídeo na internet tenha sucesso, oferecendo apoio à gestão de direitos, análise de dados e tecnologia especializada.

Mas a principal consequência do compartilhamento da receita do YouTube foi a democratização do papel de criador de conteúdo da internet. Todos os meses, depositamos dinheiro na conta de milhões de criadores no mundo inteiro. É esse dinheiro que ajuda um *streampunk* a iniciar sua carreira. É o que faz com que criar vídeos deixe de ser um hobby e se torne uma ocupação. É o que faz com que uma carreira em entretenimento deixe de ser uma opção disponível apenas para as pessoas bem-relacionadas ou muito sortudas e passe a ser um caminho aberto a praticamente qualquer pessoa.

O dinheiro também possibilita que os criadores invistam na qualidade dos seus produtos, em uma época em que o custo da produção de vídeo e de som diminuiu substancialmente. Para mim, esse é o segundo grande motivador para que os *streampunks* se tornassem tão populares. Em um pequeno golpe de sorte, a Apple decidiu adicionar uma câmera iSight embutida em todos os seus computadores e laptops no ano em que o YouTube foi fundado, uma medida copiada por outros fabricantes de computador. Sem essa precoce proliferação de câmeras de vídeo, não teria sido possível produzir grande parte do conteúdo do YouTube naqueles primeiros anos.

O smartphone levou ainda a outra evolução na captura de vídeo, colocando câmeras com resolução cada vez melhor nas nossas mãos. A Samsung foi o primeiro fabricante a lançar um telefone capaz de produzir vídeos com qualidade HD, criando um novo padrão para a indústria em 2009. A GoPro logo fez o mesmo com sua própria linha de câmeras HD portáteis, o que conduziu a uma explosão de vídeos a partir de pontos de vista inéditos, como a cabeça de uma águia em pleno voo ou de um homem saltando do espaço. Mais recentemente, drones equipados com câmeras HD estão oferecendo às pessoas a chance de recriar tomadas que antes só podiam ser produzidas de helicópteros.

Hoje em dia, os telefones e as câmeras portáteis mais sofisticados são capazes de gravar em formatos melhores do que a maioria das televisões consegue exibir, de 4K e HDR a um vídeo imersivo em 360 graus. Se nossos criadores ainda estivessem filmando vídeos em câmeras de vídeo granulares, estou certo de que alguns deles ainda seriam populares; mas foi a facilidade com que todos somos capazes de criar uma sequência de alta qualidade que acelerou a evolução do YouTube, que por sua vez deixou de fazer a hospedagem de vídeos de amadores e entrou no campo dos produtores de filmes profissionais.

A onipresença dos smartphones também conduziu à terceira dinâmica, que fomentou a ascensão dos criadores independentes: além de nossas câmeras nos transformarem em possíveis criadores, nossas telas nos conferem o potencial de sermos espectadores. "Grande coisa", você poderá dizer, "todo mundo que tem um smartphone também tem acesso a uma televisão". Embora isso seja verdade, quase todos nós estamos acostumados a compartilhar nossos aparelhos de televisão — com colegas de apartamento, cônjuges, irmãos e membros da família. Por isso, escolher ao que assistir em casa frequentemente significa optar por fazer concessões.

No entanto, com a popularização dos smartphones e tablets, não é preciso se preocupar com concessões. E, embora isso possa soar um pouco egoísta, você não precisa compartilhar aquilo a que está assistindo com ninguém (pelo menos não no mundo físico; você provavelmente ainda desejará compartilhar isso no Facebook, se valer a pena). Você não precisa assistir a desenhos animados com seu irmão, golfe com seu pai ou o que quer que sua avó considere aceitável durante os feriados prolongados. Você pode assistir ao que quiser em qualquer lugar da casa.

A distribuição gratuita, a chance de ter um contracheque constante, câmeras melhores — esses três fatores conduziram a uma nova fonte de talento criativo. Mas a explosão de telas individuais revelou uma nova demanda. O celular está fazendo com que passemos a assistir vídeos da maneira como lemos livros: você escolhe um que o interesse e o consome quando e onde desejar. Em decorrência dessa explosão de opções e acesso, cada vez menos gente passará seu tempo consumindo os mesmos vídeos e programas; é por isso que os YouTubers podem ser as celebridades mais populares nas escolas de ensino médio sem que outras pessoas jamais tenham ouvido falar no nome deles.

Hoje em dia, a concorrência não é mais pelo direito de aparecer nas prateleiras ou nos pacotes de TV a cabo; hoje, o que importa é a competição pelo seu tempo. Cada anunciante, cada rede de televisão, cada editor de notícias, cada site de vendas na internet, cada criador de conteúdo, cada aplicativo se tornou o equivalente a um filho do meio, desesperadamente em busca da sua atenção. E, uma vez que tenha obtido sua atenção, ele pode vender um produto ou serviço, ou vender um anúncio que possa convencê-lo a comprar um produto ou serviço. É somente com sua atenção que você pode ser "capitalizado".

Desse modo, se a atenção é a moeda da era digital, toda empresa deveria estar atrás da maior fonte de atenção das pessoas: assistir a vídeos. Assistir a vídeos é a principal maneira como as pessoas passam seu tempo livre. O norte-americano típico passa mais de cinco horas por dia assistindo a algo em uma tela. Só passamos mais tempo fazendo duas coisas: trabalhando e dormindo.

Cinco horas assistindo a vídeos pode parecer uma quantidade inacreditável de tempo por dia. Mas pense na sua semana de trabalho típica. Você acorda e talvez sintonize em um programa de notícias ou de esporte ao fundo plano enquanto se arruma para trabalhar; você pode gastar com isso de meia a uma hora. A não ser que esteja dirigindo, é provável que leia e-mails durante o percurso de ida para o trabalho, mas se estiver com seus fones de ouvido, poderá encaixar alguns vídeos dos programas noturnos da televisão; mais dez minutos aqui. Você chega para trabalhar e relaxa entre uma tarefa ou outra assistindo a vídeos do YouTube recomendados por seus colegas de trabalho ou amigos, ou talvez dê uma olhada em um clipe no Upworthy ou no feed do Facebook; isso pode facilmente consumir de 45 minutos a uma hora do seu dia. Você assiste a mais dez minutos de vídeos durante o trajeto de volta para casa no fim do dia e, ao chegar em casa, instintivamente liga a televisão enquanto pensa no jantar, talvez com a ajuda dos vídeos Tasty do BuzzFeed (outros dez minutos). Talvez haja um jogo que você possa deixar ligado em segundo plano, ou talvez você prefira as notícias da TV a cabo; seja como for, o tempo entre 18 horas e 20 horas pode passar despercebido. Você acaba de jantar — talvez ponha as crianças na cama — e tem bastante tempo para assistir a alguns episódios das novas séries que ainda não terminou de ver. Você está prestes a desligar a televisão, mas talvez decida assistir ao monólogo de Jimmy Fallon antes de ir para a cama.

Obviamente, seu dia típico é diferente desse esboço rudimentar, mas, como acontece com qualquer caricatura, aposto que você pode se reconhecer um pouco nele. Antes de se dar conta, você terá facilmente consumido cinco horas de vídeo, algumas delas ocultas nas margens do seu dia, mas a maioria delas devorada em grandes blocos todas as noites.

O vídeo é rei, e é muito difícil enxergar algo que tomará seu lugar como o maior dissipador do nosso tempo livre. No mínimo, a explosão de interesse pela realidade virtual e a loucura em torno da realidade aumentada depois da liberação do Pokémon GO sugerem que vamos passar mais tempo assistindo a coisas nas telas, e não menos. Nossos celulares e tablets também são cúmplices aqui — todos os anos, eles ficam maiores, mais luminosos, mais inteligentes e mais rápidos. E, como as marcas estão dispostas a pagar muito mais pelos anúncios em vídeo do que pelos anúncios impressos, as revistas e os jornais que atualmente investem a maior parte dos seus recursos em redação jornalística passarão a investir cada vez mais na filmagem de documentários e "explicadores" de multimídia — vídeos digeríveis que ajudam as pessoas a entender assuntos complexos. E, sim, um dia também assistiremos a vídeos nos nossos carros autônomos. O futuro é o vídeo, até onde nossos olhos conseguem enxergar.

Não tenho a intenção de evocar imagens de *Wall-E* aqui, com todos nós amarrados a cadeiras na frente de telas bebendo copos enormes de refrigerante, mas espero que isso lhe dê uma ideia de por que a Red Bull e a Pepsi têm estúdios de produção de vídeos, por que a revista *New Yorker* tem um show no Amazon Prime, e por que a revista *Esquire* tem uma rede de televisão.

A quantidade desses novos programas e vídeos pode parecer esmagadora. Porém, todas as vezes que presenciamos uma explosão na variedade de um produto antes limitado, houve um resultado semelhante: um aumento no consumo total e uma diminuição no número de pessoas consumindo a mesma coisa.

Durante a Segunda Guerra Mundial, o governo norte-americano começou a encomendar livros de bolso para entreter os soldados que estavam combatendo no exterior, por serem mais leves do que os livros de capa dura. A demanda pelos títulos deu início a uma nova era de leitura, culminando na formação de novos gêneros, como os de histórias policiais e de ficção científica, com menos pessoas lendo os clássicos.

Na década de 1980, a revolução das microcervejarias quebrou o oligopólio da Budweiser, da Coors e da Miller, levando as pessoas a beber um volume total de cerveja maior e também mais IPAs, *ambers* e *ales*.*

E na música, o consumo e a fragmentação continuam a crescer juntos. O disco de vinil conduziu a uma venda gigantesca de discos bem como à criação do R&B e do rock and roll. A mudança de AM para FM na década de 1980 impulsionou as vendas de fitas e, com o tempo, de CDs, introduzindo o new wave e o hip-hop. E hoje, com os serviços de streaming como SoundCloud e Spotify, podemos ouvir mais músicas do que nunca. Além disso, eles dão espaço a um número ainda maior de nichos. No momento em que escrevo estas linhas, "Lean On", de Major Lazer, é a terceira música mais ouvida até hoje no Spotify. Ela é classificada como *moombahton*, uma fusão do *house* com o *reggaeton* que só foi inventada em 2009.

O vídeo agora está se diversificando da mesma maneira, abrindo espaço para uma ampla variedade de vozes e

*Sou tcheco, tinha de incluir uma referência à cerveja. *(N. do A.)*

gêneros. Isso inclui muitos dos *streampunks* com audiências gigantescas mencionados no capítulo anterior. Mas também inclui pessoas como Henry Reich, de Montana, que abandonou uma escola de cinema e também é um apaixonado por física. Ao tornar temas complexos acessíveis no seu canal *Minute Physics*, Henry é capaz de atrair mais de 5 milhões de visualizações de vídeos sobre conceitos acadêmicos como o gato de Schrödinger. Todos os dias, em vez de ficarem imobilizadas assistindo a programas "obrigatórios" na televisão, pessoas no mundo inteiro podem assistir aos vídeos de Henry, fazer uma maratona de todos os episódios de uma temporada de *Game of Thrones*, fazer o streaming de *Doutor Jivago* ou assistir a *The Blacklist*. A possibilidade de escolha é verdadeiramente estonteante.

Ora, o que as empresas de vídeo digital não gostam de admitir é que a televisão ainda comanda, com folga, a fatia dominante dessas cinco horas da sua atenção ao vídeo, ocupando pouco mais de quatro horas. Apesar de tudo o que ouvimos a respeito da Netflix, do YouTube, do Hulu e da Amazon Prime, você poderia esperar que a fatia digital fosse maior. Mas digo: tenha paciência. De acordo com a Nielsen, a visualização da televisão atingiu o auge em 2009 — até então, ela vinha crescendo todos os anos, por cinquenta anos. Nesse ínterim, o consumo de vídeos digitais continua a aumentar em um ritmo de 25% ao ano, e como existe, literalmente, um limite para quantos vídeos uma pessoa é capaz de consumir por dia, esse crescimento significa que ele começará a ocupar uma fatia cada vez maior da torta de vídeo.

Então, se você quer ser um *streampunk*, como pode conseguir a sua fatia?

3. Sendo nerds

Os irmãos Green e a importância da formação de comunidades on-line

"Nenhuma parte de mim quer subir naquele palco", me diz Hank Green. É a véspera da abertura da VidCon, a convenção de vídeo on-line que ele e seu irmão, John, fundaram em 2010. Embora a VidCon seja apenas um de seus inúmeros empreendimentos, e embora ele tenha passado mais tempo de sua vida diante da câmera do que a maioria das pessoas, Hank ainda fica um pouco nervoso. Talvez ele esteja ansioso porque a VidCon de 2016 será particularmente importante para sua visão do futuro do vídeo on-line. No último dia da convenção, ele revelará seu mais recente e ambicioso projeto até agora, a Guilda de Criadores da Internet. A Guilda não é a primeira tentativa de Hank de formar uma comunidade, mas talvez seja a mais audaciosa. Ele deseja que os criadores da internet, muitos dos quais ainda são jovens, compreendam o verdadeiro valor de suas criações para que possam se representar melhor e promover seus interesses. Ela reflete a crença consagrada de Hank de que a criação na internet — seja ela um blog, um vlog, um tweet, um post, um vine, um gram ou um snap — é fundamental e que sua evolução precisa ser cuidadosamente cultivada.

Aqui na suíte de Hank no Anaheim Hilton, ele explica que a VidCon nasceu nesse mesmo espírito. "Parecia que ia haver uma convenção de vídeo on-line em algum momento", diz ele. "E pensei: será horrível! Vai ser sofisticada, feita por alguma empresa de eventos e vai explorar um pouco os fãs e os criadores, e, só de pensar, já fico desanimado."

Em 2010, o próprio Hank estivera em várias convenções, tanto como fã (em eventos de Harry Potter e de anime) quanto como blogger ambiental profissional (no North American International Auto Show). Ocorreu-lhe que a única maneira de a comunidade de vídeo on-line ter o tipo de convenção que ele idealizava era se ele próprio a comandasse. Ele entrou em contato com uma amiga que tinha alguma experiência na área para discutir sua ideia. Ela ficou tão entusiasmada que, naquela mesma tarde, já tinha garantido três possíveis locais.

John, o irmão de Hank, foi menos solidário no início. "Não faça isso", aconselhou. "Vai dar muito trabalho e não vai dar dinheiro." Mas Hank desprezou o conselho do irmão e, apenas duas semanas depois, a primeira VidCon foi realizada no salão de baile do hotel Hyatt Regency em Century City, com apresentações de Hank, um John relutante e nove outros YouTubers populares. Apesar de programada em tão pouco tempo, 1.500 pessoas apareceram, e, graças a um patrocínio de última hora, a convenção foi lucrativa.

Seis anos depois, a VidCon parece ter adquirido vida própria. Embora o centro de convenções do Anaheim esteja silencioso na véspera do início da convenção, em pouco tempo, quase 30 mil pessoas — a maioria fãs adolescentes — encherão suas salas em um encontro animado de três dias e três noites. Haverá mesas-redondas, apresentações, concertos, discursos, "ativações" de marcas, encontros de fãs, autógrafos, selfies, tumultos e gritos, coisas que podem fazer a Disneylândia, que fica a menos de 2 quilômetros de distância, parecer um mar de tranquilidade.

Enquanto o encontro no Anaheim continua a crescer a cada ano (mais de 30 mil pessoas compareceram em 2017), a VidCon começou a promover encontros internacionais, na Europa e também na Austrália. E, além da sua crescente pegada global, a convenção inspirou outras pessoas a organizarem convenções de vídeo na Alemanha, no Canadá, na Inglaterra, na França, na Rússia, no México, Brasil e em quase meia dúzia de países asiáticos, cada uma delas atraindo um público suficiente para encher um estádio, ansioso para encontrar seus ídolos do vídeo on-line.

Mas, apesar da crescente escala da convenção, para Hank, a indústria que a VidCon se tornou e a qual ela inspirou sempre se baseou em algo além do dinheiro. No fundo, seu propósito é reduzir a distância entre os criadores da internet e seus fãs, demonstrando de perto o poder das comunidades on-line. "Muitos criadores do YouTube viam o número de visualizações que obtinham, mas não compreendiam a realidade disso", me disse Hank. "Colocar esse criador em um palco diante de 5 mil pessoas tem um impacto muito maior do que produzir um vídeo visualizado por 50 mil. Isso o ajuda a entender o quanto esse empreendimento é grande."

E como Hank descobriu a importância da interação direta e pessoal com os fãs? Participando da turnê de um livro com seu irmão mais velho.

Desde muito cedo, John Green sabia que queria ser escritor. Ele queria escrever o tipo de livros que lia e adorava quando era adolescente, como *Seus olhos viam Deus* e *O apanhador no campo de centeio*.

"Sempre me pareceu um enorme privilégio ter um lugar à mesa na vida dos jovens quando eles estão formando seus valores e tendo suas experiências iniciais com o amor e a dor, e com as grandes questões do ser humano", me disse John.

Depois de se formar na faculdade, o caminho para se tornar um autor parecia intimidante e obscuro. Por isso, John passou a trabalhar para uma agência de empregos temporários enquanto acertava sua vida. Com o tempo, a agência o colocou na *Booklist*, uma revista que examina centenas de livros por semana para ajudar os bibliotecários a determinar o que comprar. O emprego acabou se revelando extremamente adequado e possibilitou que John lesse tantos livros de ficção para jovens adultos quantos desejasse — "Eu era a coisa mais próxima de um jovem adulto na *Booklist*", disse ele —, além de apresentá-lo a autores e editores que o ajudariam a moldar sua própria produção literária.

Após trabalhar durante quatro anos na *Booklist*, ele publicou seu primeiro livro, um romance para jovens adultos chamado *Quem é você, Alasca?*, a respeito de um adolescente que estuda em um internato (vagamente baseado na própria adolescência de John) e se apaixona por uma aluna enigmática chamada Alasca. O livro ganhou o Prêmio Michael L. Printz, o maior prêmio de ficção para jovens adultos, mas não conseguiu entrar na lista de best-sellers. Seu livro seguinte, *O teorema Katherine,* foi um dos finalistas para o mesmo prêmio, mas suas vendas foram ainda piores.

Foi logo depois do lançamento de seu segundo livro que John decidiu iniciar uma experiência com Hank. Os dois irmãos tinham se distanciado quando John fora para o internato, trocando e-mails e mensagens instantâneas com frequência mas se falando apenas uma ou duas vezes por ano. Querendo diminuir a distância entre eles, John propôs o "Brotherhood 2.0,", um experimento no qual eles cessariam todas as outras formas de comunicação e trocariam vídeos do YouTube on-line todos os dias da semana durante um ano. John e Hank não foram os primeiros vloggers, mas eles se tornaram os primeiros "vlogbrothers".

No início, seus vídeos eram quase pessoais demais e idiossincráticos, editados de qualquer jeito e muito variados. John falou sobre sua cirurgia dentária no dia 8 de janeiro e depois, no dia 10 de janeiro, calculou sua pegada de carbono. Hank ensinou John a construir um castelo de cartas no dia 17 de janeiro; no dia 8 de fevereiro, ele discutiu sua visão sobre a morte. O experimento não arrebatou o mundo.

"Durante os primeiros sete meses, todos os nossos espectadores eram adolescentes ou bibliotecários que gostavam dos meus livros", disse John. Mas, depois de alguns meses, aconteceu uma coisa que mostrou a eles o poder da sua pequena, porém entusiasmada, comunidade. Enquanto aprendiam a respeito de programas eficazes em desenvolvimento internacional, John e Hank se interessaram pelo conceito de microfinanças, a prática de conceder pequenos empréstimos a pessoas para ajudá-las a escapar da pobreza.

Eles entraram em contato com a Kiva, uma empresa sem fins lucrativos que possibilita que as pessoas contribuam diretamente para aqueles que precisam de pequenos empréstimos, e perguntaram se poderiam visitar alguns dos beneficiários da organização. Junto com representantes da Kiva, John e Hank viajaram para a República Dominicana e, com seus vlogs, explicaram o conceito de microfinanças e o trabalho que a empresa sem fins lucrativos estava fazendo. Nos dias que se seguiram à postagem dos vlogs, os fãs inundaram a Kiva com doações. A organização disse aos irmãos que o efeito deles tinha sido "maior do que Oprah".

Aos poucos, a comunidade dos irmãos cresceu, até que, um dia, um dos vídeos de Hank (uma música sobre Harry Potter) apareceu entre os destaques do YouTube, rendendo a eles 7 mil novos assinantes. Como a maioria desses assinantes eram grandes fãs de Harry Potter, eles entendiam bem o que significava fazer parte de uma comunidade e eram descaradamente entusiásticos a respeito do livro que adoravam. Em outras palavras, não tinham medo de ser nerds.

Uso essa palavra porque ela é uma das que John e Hank têm procurado resgatar. Eles explicam que os nerds não são os garotos desinteressantes com poucas habilidades sociais e que vivem on-line porque não conseguem lidar com os seres humanos. Na realidade, eles são suficientemente corajosos para declarar seu amor por algo, até mesmo para completos desconhecidos, e comprometidos o bastante para conquistar seguidores em torno das suas paixões.

Em vez de se definirem por aquilo a que se opõem e usarem ironia ou sarcasmo para proteger sua insegurança, os nerds constroem sua identidade em torno do que amam e desejam celebrar. Em 2009, John explicou sua aceitação do rótulo em um vídeo dos vlogbrothers que se imortalizou em inúmeros murais do Facebook e páginas do Tumblr: "Não temos que ser do tipo... 'Eu gosto das coisas do início daquela banda.' Os nerds têm permissão para amar as coisas! Amar de um jeito que você se sacode na cadeira e não consegue se controlar! Hank, quando as pessoas chamam alguém de 'nerd', basicamente o que elas estão dizendo é 'Você gosta de coisas', o que, definitivamente, não é uma ofensa! Tipo, 'Você é entusiástico demais com relação ao milagre da consciência humana!'"

Então, foi pura sorte o fato de John ter ficado preso no aeroporto de Savannah certo dia enquanto filmava um vídeo dos vlogbrothers e ter entrado em um arcade (fliperama) para matar o tempo. Ele avistou um antigo jogo cujo título, *Aerofighters*, estava escrito em uma letra particularmente ilegível. "Este jogo parece se chamar *Nerd Fighters*", diz ele no vídeo. "Esse é meu tipo favorito de guerreiro!" Sem nenhum incentivo dos irmãos, sua comunidade de fãs adotou o nome, se autointitulando Nerdfighters porque defendiam as virtudes do intelectualismo e da discussão variada.*

A ideia de uma comunidade formada em torno da positividade e do entusiasmo compartilhado não foi apenas uma coincidência; ela se baseou em um arguto conhecimento de como os movimentos de base se sustentam, uma lição que

*Quando John completou 36 anos, Hank comprou para ele essa mesma máquina de fliperama. Ela agora tem um lugar de destaque no escritório do autor. John e dois membros de sua equipe têm recordes mundiais de pontuações máximas. "Isso é um tanto injusto, já que mais ninguém tem o jogo", disse ele. *(N. do A.)*

Hank aprendeu pessoalmente durante sua primeiríssima incursão no estrelato on-line, muito antes da criação do canal vlogbrothers.

Quando morava em Orlando, logo depois de terminar a faculdade, Hank, assim como qualquer pessoa que já tenha ido a Orlando, passou a odiar a Interstate 4, a principal via que atravessa a cidade. Ele não detestava apenas o trânsito ou o fato de a estrada ter sido projetada para uma cidade muito menor do que Orlando se tornara; na condição de jovem cientista ambiental, ele odiava o estilo de vida dependente do carro como o que a I-4 promovia. Mas, em vez de limitar-se a ficar zangado enquanto reclamava, preso no trânsito, ele decidiu se organizar, criando um site: IHateI4.com, e colocou cartazes anunciando-o em pontos de congestionamento notoriamente ruins ao longo da estrada interestadual. A proeza o colocou no noticiário noturno da cidade e lhe rendeu uma notícia elogiosa no jornal *Orlando Sentinel*.

Em pouco tempo, o IHateI4.com tinha um fórum repleto de comentaristas que detestavam a mesma coisa que ele, mas por razões muito diferentes. Ele formara uma comunidade de acusadores. "Todo mundo estava acusando todo mundo", disse Hank. "Em vez de falar a respeito da política de transportes, as pessoas falavam sobre idosos, jovens, brancos ou hispânicos, ou ainda sobre quem era o 'mau motorista'. E eis a questão: é mais fácil criar uma comunidade quando nos opomos a alguma coisa, mas essas comunidades sempre parecem se autodestruir."

É um pensamento encorajador, especialmente quando uma parte tão grande do nosso diálogo cultural e político parece se basear na oposição. A desigualdade domina a discussão política, a imigração e o papel dos refugiados exasperou os sistemas políticos dos Estados Unidos e da Europa, e a discriminação, quer ela vise a raça, religião, cultura, gênero ou orientação sexual de uma pessoa, parece ser um problema insuperável no mundo inteiro. É incrivelmente tentador entreter com a ideia de que os movimentos de oposição estão fadados a fracassar rapidamente.

Pelo menos no mundo do YouTube, a observação de Hank tende a ser verdadeira. Sejam os Nerdfighters, os proponentes dos direitos dos gays, os defensores do movimento do cabelo natural* ou os milhões de fãs e seguidores que milhares de criadores conquistaram, as comunidades bem-sucedidas no YouTube são, em sua maioria, comunidades de celebração. De modo geral, os fãs se reúnem para assistir às coisas que apreciam, e não para alimentar seu ceticismo ou atiçar sua indignação. A meia-vida da raiva parece ser mais curta quando as pessoas são obrigadas a colocar sua negatividade em vídeo.

Sem dúvida, o YouTube tem alguns problemas com o *trolling* e comentários ofensivos. Mas, se existe uma coisa que John e Hank mostraram, seja por meio do seu conteúdo, da sua comunidade ou do VidCon, é que o YouTube é capaz de promover um profundo sentimento de entrosamento.

---

*Durante anos, as mulheres negras que usavam seu cabelo natural eram consideradas desleixadas e corriam o risco de ser demitidas do emprego, expulsas da escola e até mesmo penalizadas pelos Estados Unidos. O movimento do cabelo natural defende que as mulheres negras usem o cabelo de forma natural, resistindo à pressão de alisar ou tratar os fios com produtos químicos. O movimento encontrou sua voz mais poderosa no YouTube, onde gurus de estilo como The Chic Natural incentivam as mulheres a adotar uma aparência natural e oferecem dicas de estilo. A força do movimento conduziu a uma reversão das políticas discriminatórias nas escolas e nos locais de trabalho ao mesmo tempo que fez com que as vendas de alisantes despencassem. *(N. do A.)*

Pelo menos na comunidade Nerdfigher, Hank e John transformaram esse sentimento de entrosamento em um fórum para reflexão e entendimento,* e que também apoia boas causas. Desde os seus primeiros dias de parceria com a Kiva, os Nerdfighters arrecadaram mais de US$4 milhões para a organização de microfinanças, cuja maior parte foi fornecida como crédito a empreendedoras em partes em desenvolvimento.

E todos os anos, os Nerdfighters promovem o Project for Awesome, uma versão de 48 horas do YouTube de uma maratona televisiva, para a qual membros da comunidade criam vídeos sobre suas instituições beneficentes favoritas a fim de arrecadar dinheiro. Em 2016, o Project for Awesome arrecadou mais de US$2,1 milhões vindos de milhares de doadores para várias organizações, inclusive a Partners in Health e Save the Children.

No entanto, caracterizar os Nerdfighters como arrecadadores de recursos não lhes faz justiça. Eles também fazem parte do conteúdo que John e Hank criam como irmãos. É dos seus comentários que surgem ideias para novos vídeos ou até mesmo novos canais. É a sua criatividade ao fazer piadas internas e criar peças de arte dos fãs que fortalece e sustenta a comunidade. E é seu apoio financeiro, muitas vezes na forma de garantias ou vendas de mercadorias, que ajuda a alimentar a produção criativa dos irmãos.

"Todos vocês devem estar familiarizados com a velha história de que os jovens só estão interessados em distração

---

*Um dos seus vídeos mais populares é um clipe de quase 8 minutos, baseado em uma pesquisa completa sobre o motivo de os custos dos cuidados com a saúde nos Estados Unidos serem tão elevados. *(N. do A.)*

e não têm nenhum interesse no mundo fora de si mesmos", declarou John para uma plateia de anunciantes em um evento patrocinado pelo YouTube em 2015. "Mas minha experiência demonstrou algo diferente. Embora o mundo tenha falado a respeito da insularidade e do solipsismo dos jovens, eles criaram um fascinante e complexo mundo on-line de profundo envolvimento, um mundo no qual eles não apenas *assistem* a um conteúdo mas se tornam *parte* dele, como membros da comunidade cujos comentários, fanfics, trabalhos artísticos e paixão impactam profundamente a cultura mais ampla."

Essa ideia — a de que os millennials não são vagabundos passivos e sim colaboradores envolvidos — é parte do motivo pelo qual ingressei no YouTube. Quanto mais eu aprendia a respeito da plataforma, mais eu compreendia que as pessoas assistiam de uma maneira completamente diferente da que eu imaginara. No início, eu pensava que o YouTube era apenas uma versão mais distrativa da televisão, com clipes curtos, fáceis de consumir, sobre gatos, cachorros, #fails e *dance crazes*. E, embora possa ser assim para muitas pessoas, o YouTube também era um lugar onde os criadores estavam fazendo conexões profundas e amplas com seus fãs. Esses fãs não estavam apenas buscando uma distração, assim como eu busco ao assistir a um episódio de *Scandal*; eles estavam buscando um lugar onde pudessem se sentir integrados.

De algumas maneiras, o número de visualizações de um vídeo não capta o que é especial a respeito do YouTube. Contar visualizações sugere que o interessante da plataforma é o que é visto uma vez pelo maior número possível de pessoas. Mas o verdadeiro potencial do vídeo on-line não é apenas o que leva alguém a assistir, é o que leva essa pessoa a assistir a outros vídeos do mesmo criador, curtir, escrever um comentário atencioso, assinar um canal para não perder o vídeo seguinte, talvez comprar uma camisa, quem sabe ir a um encontro de fãs ou até mesmo começar a criar seus próprios vídeos. "Eu não me importo com o número de pessoas que assiste ou lê o que eu crio", afirmou John. "Eu me importo com a quantidade de pessoas que *amam* o que eu crio."

Entender esse envolvimento e compreender o poder disso para os criadores foram pontos decisivos na minha avaliação do YouTube. Quando fui para a empresa, em 2011, uma das primeiras coisas que eu queria fazer era ajudar outras pessoas a entender essa paixão. Eu queria investir em criadores como Hank e John, que haviam formado grandes grupos de seguidores no YouTube, para ajudá-los a expandir e aumentar sua presença, além de recrutar outros que tinham fãs fervorosos — Jay-Z, Pharrell Williams, Tony Hawk, Madonna, Amy Poehler — para que iniciassem seus próprios canais. Chamamos essa iniciativa de Original Channels, e ela representava uma grandiosa aposta de US$100 milhões de que a plataforma poderia comportar um conteúdo mais profissional de conteúdo do que a maioria das pessoas estava acostumada a ver on-line.

Assim como muitas grandes iniciativas, ela venceu e fracassou de maneiras inesperadas. Ela fez com que os anunciantes levassem a plataforma mais a sério, ajudando-nos a aumentar a receita, que seria reinvestida na plataforma. E também fez com que os espectadores nos vissem de uma maneira diferente, intensificando a ideia de que o YouTube era um lugar não apenas para vídeos virais como também para canais organizados com um conteúdo regular.

Mas muitos observadores pontuaram corretamente: os canais dirigidos por celebridades deixaram de encontrar seu ponto de apoio no YouTube. Era difícil levar os fãs de Jay-Z ou Madonna a seguir suas celebridades favoritas on-line, apesar de sua fama. Como a atenção dessas celebridades estava naturalmente focada em outros empreendimentos criativos, o investimento delas no YouTube parecia mais um projeto paralelo do que algo que tivesse de ser visitado todos os dias ou a cada semana. Dirigir um canal bem-sucedido do YouTube requer um esforço constante ao longo do tempo, com atualizações frequentes e criadores acessíveis. Isso é pedir muito a qualquer pessoa, que dirá a algumas das maiores celebridades do mundo.

No entanto, o experimento dos Original Channels deixou claro que o investimento nos criadores e nas empresas que *já* tinham formado grupos de seguidores no YouTube foi inegavelmente bem gasto. Você talvez não tenha ouvido falar em redes on-line como Maker Studios, Fremantle Media e Studio Bagel, mas, depois de nosso investimento inicial, elas foram adquiridas por centenas de milhões de dólares por importantes conglomerados da mídia, como a Disney e o Canal+. Outros alvos dos investimentos dos Original Channels, como a AwesomenessTV, a Tastemade e a *Vice*, se tornaram importantes propriedades de mídia por mérito próprio, atuando como opiniões importantes no mundo do entretenimento familiar, da alimentação e do videojornalismo. Além disso, é claro, a iniciativa dos Original Channels conduziu à criação de dois canais imensamente populares organizados por John e Hank.

A ideia desses canais surgiu depois que fizemos aos irmãos uma simples pergunta: "O que vocês fariam se tivessem mais dinheiro?" Eles tinham produzido alguns vídeos educacionais durante seu experimento Brotherhood 2.0 ("Quando precisa produzir um vídeo por dia durante um ano, você faz o que quer que lhe venha à mente", explicou Hank). Embora tivesse sido difícil criar esses vídeos devido ao tempo e à pesquisa envolvidos, eles tiveram um bom desempenho no canal vlogbrothers. Com recursos para contratar redatores e uma equipe de apoio, os irmãos Green concordaram que novos canais com conteúdo educacional seriam uma extensão natural do seu etos nerd.

Eles nos propuseram dois programas, um chamado SciShow e o outro, Crash Course. SciShow foi criado em torno da investigação científica, respondendo a perguntas como "Por que os bumerangues voltam?"* e "Por que temos sardas?"** Crash Course era o mais ambicioso, projetado para discutir um tema educacional como química ou história mundial com alunos do ensino médio em um nível de posicionamento avançado, a versão de um livro-texto em um vídeo de entretenimento. Decidimos financiar ambos.

Hoje, o SciShow produz vídeos diários, apresentados por Hank e dois apresentadores convidados, gravados em suas instalações de produção em Missoula, Montana. Crash Course é uma colaboração conjunta entre os irmãos, com Hank à frente dos cursos de ciências (ele é formado em bioquímica e ciência ambiental) e John, dos cursos de ciências humanas.

---

*As duas asas de um bumerangue avançam em diferentes velocidades enquanto eles rotam, gerando o torque que faz com que ele se desloque em um trajeto curvo. *(N. do A.)*

**Um gene MC1R inativo em algumas pessoas leva ao aumento da produção de um pigmento chamado feomelanina, resultando em pequenas áreas da pele com tonalidades mais escuras. *(N. do A.)*

Os vídeos de John são produzidos no seu estúdio em Indianápolis, e o local de filmagem nos dá a nítida sensação do quanto as produções são despojadas. No que diz respeito ao equipamento, eles são capazes de filmar apenas com uma câmera que custa alguns milhares de dólares, um teleprompter improvisado a partir de um iPad, um par de tripés e um set semipermanente. A equipe é composta por John, um cinegrafista, um supervisor de roteiro e um redator ("E até mesmo isso às vezes parece um pouco demais", afirmou John.)

Não há um diretor gritando "Ação!" ou fazendo cortes entre as tomadas. Em vez disso, John lê o roteiro em ritmo acelerado enquanto controla o teleprompter com um iPhone fora do enquadramento da tela. Embora esteja quase sempre com uma camisa polo e em um ambiente informal, ele insere intensidade e jovialidade ao processo. Enquanto ele filmava um vídeo sobre futebol, eu o ouvi reiniciar uma frase 18 vezes em 12 segundos antes de finalmente expressá-la da maneira correta. Caberia ao seu cinegrafista escolher a tomada certa e eliminar todo o resto. No fim, cerca de 45 minutos de filmagem resultaram em um vídeo de pouco menos de seis minutos.

Os dois projetos educacionais cresceram mais do que eles ou o YouTube poderiam ter esperado, chegando a mais de 10 milhões de assinantes nos dois canais juntos. Crash Course figurou no programa de escolas do ensino médio ao redor do mundo, uma dádiva divina inesperada para muitas escolas que não podem arcar com o custo de livros-texto atualizados. SciShow se diversificou com três novos canais, um focado no espaço, outro em psicologia e outro dedicado a crianças pequenas (Crash Course também tem um canal para crianças).

Em 2013, os irmãos inauguraram um canal para a revista Mental Floss, fornecendo *listicles** e programas de perguntas e respostas que John apresenta e Hank produz. Em 2014, a esposa de John, Sarah, entrou na brincadeira e criou seu próprio canal, The Art Assignment, com foco em arte contemporânea e que desafia os espectadores a recriar pinturas e esculturas notáveis.

Todos os anos, mais um ou dois empreendimentos parecem sair da máquina dos irmãos Green, como uma série sobre educação sexual (Sexplanations), um canal fitness (100 Days) e um podcast semanal. Todos esses canais são projetados buscando a interação com a comunidade — 100 Days, por exemplo, compartilhava com os fãs listas de exercícios físicos e orientação nutricional para que eles pudessem seguir John na sua busca por uma crise da meia-idade saudável. E todos eles são apoiados pela comunidade dos Nerdfighters fundada pelos irmãos há mais de dez anos.

Ao longo dos anos, vários membros dessa comunidade se tornaram conhecidos, mas nenhum mais do que Esther Earl. Em uma tenra idade, Esther desenvolveu câncer na tireoide, o que a tornou dependente de um cilindro de oxigênio. Jovem e sofrendo de uma doença potencialmente letal, além de lidar com um sintoma incômodo e evidente dessa doença, Esther encontrou conforto em uma comunidade Nerdfighter que recebia pessoas inteligentes e curiosas que não se encaixavam com facilidade no seu ambiente.

*Artigos em forma de lista, que tipicamente têm algum conteúdo adicional relacionado com cada item. *(N. da T.)*

Participante ativa dessa comunidade, Esther ajudou a formar as atitudes da comunidade a respeito das deficiências e doenças, e também ganhava o carinho e o apoio que seus membros lhe ofereciam. Depois de se tornarem amigos virtuais, John conheceu Esther pessoalmente em uma conferência em Boston em 2009 e depois foi visitá-la e também conhecer os pais dela. A amizade se tornou tão forte e significativa para a comunidade dos Nerdfighters que no dia 3 de agosto de 2010, aniversário de Esther, John declarou o dia "Dia de Esther", dedicado a expressar amor pelos membros da família e os amigos, e não a interesses românticos. Lamentavelmente, Esther sucumbiu à doença três semanas depois de esse vídeo ser produzido, mas o dia até hoje é reconhecido todos os anos pela comunidade.

A amizade dos dois serviria de base para a personagem Hazel no seu quarto romance, *A culpa é das estrelas*, uma história de amor entre dois adolescentes que tinham câncer. O livro foi publicado em 2012, menos de dois anos após a morte de Esther e apenas um ano após o lançamento de Crash Course e SciShow. Mas, mesmo antes de ser lançado, o livro saltou para o topo das listas dc best-sellers da Amazon e da Barnes & Noble pouco depois de o título ser anunciado, em parte porque John leu os dois primeiros capítulos para seu público no YouTube.* Depois de lançado, o livro atingiu o topo da lista de best-sellers do *New York Times* de ficção para jovens adultos, onde permaneceu por um bom tempo, junto com os seus outros quatro romances. Em uma semana, o

*Ele também se comprometeu a assinar os primeiros 150 mil exemplares impressos, uma desventura que deixou a mão com que ele escreve debilitada e necessitando de fisioterapia. *(N. do A.)*

livro tinha vendido mais exemplares do que os outros três romances de John juntos.

A obra se tornou, em todos os níveis, um sucesso estratosférico, vendendo mais de 20 milhões de exemplares no mundo inteiro, mais do que *Orgulho e preconceito* ou *As vinhas da ira*. Em 2014, *A culpa é das estrelas* foi adaptado para um filme estrelado por Shailene Woodley e Ansel Elgort. Embora tenha sido lançado em um mercado competitivo naquele verão, ele estreou no topo da bilheteria nos Estados Unidos, derrubando o megassucesso de Tom Cruise *No limite do amanhã*. O filme teve um lucro líquido de mais de US$ 300 milhões durante o tempo que ficou em cartaz, e ainda recebeu excelentes críticas, talvez porque fosse um implacável melodrama. Quando assisti ao filme com minhas duas filhas, todos choramos, mas fui eu que chorei mais.

Depois do sucesso nos cinemas, John foi produtor executivo de uma adaptação do seu terceiro romance, *Cidades de papel*, uma experiência que poderia facilmente tê-lo conduzido à carreira de produção cinematográfica, em vez de vídeos. Mas, quando falei com John sobre isso, ele descartou rapidamente a ideia. "No mínimo, Hollywood me fez gostar ainda mais do YouTube", disse ele. "O sucesso de Crash Course me deixa mais feliz do que o sucesso de qualquer outra coisa na minha vida profissional. Não me entenda mal, eu adoro os filmes, adoro o alcance e a escala dos filmes e grande parte do que os estúdios de cinema fazem com o impossível. As adaptações dos meus livros para o cinema são muito boas, realmente gosto delas e ambas foram comercialmente bem-sucedidas. Mas depois voltei para casa e continuei a fazer o Crash Course e The Art Assignment porque é isso o que quero fazer com a minha vida. Quero escrever livros e fazer vídeos para o YouTube. Não quero ser um produtor de cinema quando eu crescer."

Três dias depois de me encontrar com Hank no seu quarto de hotel, eu me sento na lateral do andar térreo do Centro de Convenções do Anaheim para assistir a ele e John apresentarem, em carne e osso, a reunião anual dos Nerdfighters. Eles se sentam juntos no palco, discutindo uma série de perguntas formuladas pelos fãs ("Qual o seu prazer secreto do YouTube?" "Você preferiria acordar em uma cama de ratoeiras ou acordar nu em uma Starbucks?"). Hank está com a barba recém-feita e bem-cuidado, vestindo uma camisa havaiana, enquanto John exibe uma barba de duas semanas e uma camiseta do AFC Wimbledon, o time de futebol inglês da League One que ele patrocina.

Se algum dia você comparecer aos salões da VidCon, a primeira coisa que notará é que o som é incrivelmente alto, com guinchos ecoando pelo cavernoso centro de convenções quando os fãs avistam e depois literalmente perseguem seus criadores favoritos pelos salões. Mas o encontro dos Nerdfighters, realizado no andar de convenções, parece um oásis, com centenas de jovens sentados, quase todos imóveis nas poltronas, apenas para ouvir John e Hank. Quando olho em volta, compreendo que não é um oásis apenas para mim, mas para eles também. Vejo meninas usando arcos de orelha de gato ou vestidas como meninos, e meninos usando delineador ou chapéus peludos com formato de cabeça de urso. Uma adolescente sentada na minha fileira aperta nas mãos um exemplar de *A culpa é das estrelas*, canalizando a animação e o nervosismo que deve estar sentindo. Enquanto Hank fala sobre a ocasião em que visitou a Casa Branca para entrevistar o ex-presidente Obama, avisto um rapaz com uma peruca loura e asas de fada.

Se você escutar qualquer coisa a respeito de adolescentes e da cultura on-line, provavelmente ouvirá falar no lado desagradável. Ouvirá sobre assédio, *cyberbullying*, hacking de telefone, *doxxing* e *trolls*. Mas há também este lado: encontros, às vezes reais mas normalmente virtuais, que proporcionam aceitação e compreensão a pessoas que são, em grande medida, socializadas para se envergonhar das suas diferenças.

Bem no fundo, todos temos o desejo de sentir que pertencemos a algum lugar, que vivemos em um mundo no qual nossas opiniões são compartilhadas, nossas experiências são relevantes e nossos sentimentos importam. A verdade é que vivemos nesse mundo; ele está apenas obscurecido pela distância e pelo conflito.

Na sua melhor forma, o YouTube pode revelar esse mundo. Pode lhe mostrar muita gente diferente, que você talvez não veja fora da sua janela todos os dias. Ele pode conectá-lo com pessoas que olham, pensam ou amam como você, que enfrentaram os mesmos problemas, ou que estão lutando com as mesmas forças, mesmo que você não consiga encontrar essas pessoas na sua escola ou no seu bairro. O YouTube pode ajudá-lo a entender que é aceitável amar descaradamente alguma coisa, que o intelectualismo merece ser celebrado, que uma doença não precisa defini-lo ou que até mesmo uma pessoa que morre cedo pode viver uma vida plena cujo impacto pode se expandir eternamente.

Quando as perguntas param, John e Hank se levantam para dizer suas palavras finais. "Quando eu era menino", declara Hank, "lembro que passava grande parte do tempo fazendo amigos on-line. E levei algum tempo para compreender que isso não significava que eu era um perdedor e sim que eu estava fazendo amizade com pessoas que compartilhavam meus interesses e valores". Ele e John agradecem calorosamente aos seus fãs, e, quando se despedem acenando para a audiência, o público fica de pé e começa a avançar para o palco. O oásis desaparece.

Depois do encontro, pego uma carona pelo centro de convenções no carrinho de golfe de Hank, que rapidamente nos transporta para outro palco imenso, aquele no qual Hank confessara, poucos dias antes, que não queria pisar. Seja como for, ele fará isso daqui a poucos minutos, anunciando para milhares de pessoas a formação e o lançamento da Guilda de Criadores da Internet. Sua timidez desapareceu, e ele parece em paz, abraçando os criadores que encontra na sala de estar dos artistas enquanto se senta em uma cadeira e assiste a um feed do palco em um monitor próximo para poder ouvir todas as apresentações que precedem a sua.

De repente, o assistente de Hank se aproxima e sussurra algo no ouvido dele. Ele se volta para mim e explica. "Você vai adorar isto", comenta. "O site está fora do ar." Minutos antes da hora marcada para ele ser lançado, uma falha no código do site da Guilda está impedindo que ele seja carregado.

Ainda assim, Hank está tranquilo com tudo isso. Ocorre-me que talvez ele saiba que sua ideia é muito maior do que o lançamento de hoje. De volta ao quarto do hotel, ele explicou como vê a Guilda. "Neste momento, se você considerar todos esses criadores como parte de uma única empresa, ela seria a empresa de maior crescimento do Vale do Silício", afirma. "Mas, para que seja uma grande indústria, são necessárias 2 a 4 mil pessoas fazendo isso profissionalmente. E é onde eu gostaria que estivéssemos." Hank não deseja começar um sindicato ou um grupo de interesse; ele quer lançar a base para todo o futuro da internet criativa.

Quase que por definição, uma parceria criativa entre irmãos pode provocar a comparação e sugerir rivalidade. Não há nenhuma dúvida de que John é mais famoso e bem-sucedido do que seu irmão; ele pode ser o YouTuber mais bem-sucedido, *ponto final*. Mas, ao ouvir a maneira como John falou comigo a respeito de Hank — sobre admirá-lo embora ele fosse seu irmão mais novo, sobre como Hank continuamente previa o sucesso de coisas como a VidCon mesmo quando John não conseguia, sobre sua inexorável perseverança e sua habilidade em fundar movimentos —, não pude deixar de pensar que o legado de Hank na legitimação da criação na internet poderá ser tão valioso, significativo e duradouro quanto o do seu irmão.

O tempo passa calmamente nos bastidores, mas, segundos antes da hora marcada para ele falar, a equipe de Hank corrige a falha e o site da Guilda entra em operação, pronto para ser anunciado e receber as primeiras inscrições. O timing parece quase perfeito *demais*. Parece o começo de alguma coisa.

4. O autêntico cabelo azul

Tyler Oakley, a autenticidade e a natureza mutável da celebridade

Está claro para mim que a habilidade para formar uma comunidade entusiasmada pode ser a mais conhecida da era da nova mídia. Hank e John Green começaram com um grupo de pessoas que se sentiam incompreendidas, deram a elas um etos no qual acreditar e criaram um fluxo constante de conteúdo de entretenimento que falava diretamente com elas.

Mas nada disso teria funcionado se o conteúdo não parecesse autêntico — tanto para as personalidades de John e Hank quanto para os interesses de seu público. *Autenticidade* é um termo muito usado na nova mídia, mas em um mundo no qual qualquer pessoa pode selecionar e organizar como ela é vista na mídia social, a importância de parecer genuíno e acessível cresceu muito. E poucos criadores comunicam isso melhor do que Tyler Oakley.

"Alguém na sala faz vídeos?" pergunta Tyler, um YouTuber/ativista e uma das pessoas mais influentes "na internet", segundo a revista *Time*. É uma noite no início do outono na Virginia Commonwealth University (VCU), e Tyler e seu bom amigo e colaborador Korey Kuhl estão respondendo a perguntas apresentadas por trezentos alunos. Eles se reuniram aqui esta noite para "Uma Noite com Tyler Oakley", promovida pelo Conselho de Programação de Atividades da VCU, cujo logotipo está sendo projetado atrás de um palco pequeno e sem enfeites onde Tyler e Korey estão sentados. Korey se recosta na cadeira, enquanto Tyler está empoleirado de pernas cruzadas na sua. Os dois claramente estão aqui para promover o livro de Tyler, *Binge*, mas a natureza descontraída do evento aliada ao fato de o livro já ser um best-seller há quase um ano sugere que eles estão mais interessados em interagir com a plateia do que em vender exemplares.

Cerca de dez alunos levantam a mão em resposta à pergunta de Tyler sobre a produção de vídeos no YouTube. Ele corre os olhos pelo público e depois faz logo outra pergunta: "Alguém quer *começar* a fazer vídeos no YouTube?" Mais pessoas levantaram a mão dessa vez, mais ou menos trinta. "É fácil fazer isso!", diz ele. "Tudo o que vocês têm de fazer é produzir o primeiro e pronto: Vocês são YouTubers."

Depois de fazer sua carreira parecer simples, ele adverte: "Devo dizer que o seu primeiro vídeo será a pior coisa que vocês já terão visto na vida. Odiarão sua voz, seu rosto e tudo o que fizerem. Quando olho para o meu, penso — com a voz em um tom autodepreciativo — *'então esse é o ser humano que eu sou'*."

A audiência ri da sinceridade dele, e Tyler continua a dar conselhos ou quem aspira ser um criador do YouTube, com cadência rápida de fluxo de consciência. "À medida que vocês forem fazendo vídeos, ficarão mais competentes, encontrarão sua voz, descobrirão como falar, como editar e como fixar a câmera sem uma pilha de livros, algo que eu *ainda* faço às vezes."

Mas ele encerra com a melhor parte: "Vocês não precisam ficar mais sofisticados! Só precisam ser mais competentes em ser vocês mesmos."

Há dez anos, em uma tendência que, ao que tudo indica, é contínua, Tyler Oakley vem se tornando mais competente em ser Tyler Oakley. Ele se tornou um YouTuber, gravando de seu dormitório na Universidade de Michigan. Ele pode até se encolher todo hoje diante desses vídeos, filmados com uma câmera de vídeo de baixa qualidade no seu quarto com uma cama beliche visível atrás dele, mas até nesses vídeos antigos é possível ver sua habilidade. Os vídeos são editados, têm uma trilha sonora, combinam o monólogo com cenas de reações silenciosas e expressões faciais. Ele parece ser um garoto que fazia teatro quando cursava o ensino médio, sem medo de representar e ser visto pelos outros.

Algumas semanas antes do evento na VCU, eu me encontrei com Tyler em uma cafeteria perto de sua casa em West Hollywood, e ele me explicou a longa jornada entre aqueles primeiros vídeos e a sua grandiosa presença on-line hoje. Ele me contou que não tinha começado seu próprio canal buscando construir uma carreira. Na verdade, ele estava procurando uma maneira de permanecer em contato com seus amigos do ensino médio. "Eu estava falando de uma forma direta literalmente com três pessoas", disse ele. "Eu queria contar coisas específicas para elas, mostrar meu quarto no dormitório, falar sobre a Semana de Boas-Vindas, coisas desse tipo. Na época, era simplesmente surpreendente que qualquer pessoa que não me conhecesse se inscrevesse."

Você poderia confundir o Tyler do dormitório, com o cabelo louro cortado bem rente e óculos genéricos com armação de metal, com cinquenta outros calouros universitários. Hoje, no entanto, Tyler é instantaneamente reconhecível, com óculos de armação preta grossa e o cabelo cheio geralmente louro (mas, às vezes, azul). Com um 1,67m, ele parece mais baixo do que aparenta ser nos vídeos, mas eu aprendi que, assim como os astros e as estrelas do cinema, os criadores do YouTube quase nunca têm a altura que você supõe que eles tenham.

"Ao longo de um período de alguns anos", disse ele, "continuei a produzir conteúdo, me conscientizando cada vez mais de que eu tinha um público, não necessariamente tratando isso com um senso de responsabilidade. Nunca passou pela minha cabeça que eu pudesse vir a trabalhar nisso em tempo integral". Na realidade, os vídeos lhe renderam um emprego quando ele ainda estava na faculdade, o de produzir conteúdo para a Career Services Network. Ele foi reconhecido pela primeira vez no *campus* por alunos que tinham visto seus vídeos sobre como fazer um currículo e se preparar para uma entrevista.

Ao mesmo tempo que estava criando conteúdo, ele seguia outros YouTubers, aprendendo a respeito das comunidades que se formavam em volta dos seus canais. Tyler começou a colaborar com outros criadores, entre eles Korey, seu orientador residente na Michigan State. Com o tempo, os dois começaram a comparecer às primeiras convenções do YouTube e fizeram amizade com outros criadores em ascensão.

Depois de se formar, em 2001, em uma época de economia fraca, Tyler se candidatou a uma série de empregos (inclusive um na Google, onde passou por uma série de entrevistas), mas teve pouca sorte. Os empregadores lhe disseram que sua carreira no YouTube era uma desvantagem. "Eles diziam algo como: 'Se você estivesse trabalhando com parceiros, eles poderiam encontrá-lo e isso poderia prejudicar a nossa marca'", declarou ele. "Isso foi antes de as empresas presumirem que todos os seus empregadores teriam Twitter."

Depois de batalhar para encontrar trabalho em Michigan, ele e Korey se mudaram para São Francisco, e Tyler começou a se candidatar a todos os empregos da Craiglist que encontrou. Ele conseguiu um estágio e, depois, um emprego em tempo integral para gerenciar as mídias sociais de algumas empresas na região da Baía de São Francisco. Poderia parecer uma função adequada para ele, mas Tyler se irritou com as restrições do emprego, já que ele sabia como criar com sucesso um perfil em uma mídia social.

"Era muita burocracia para que os tweets fossem aprovados e eu pudesse postar — e, tipo, eu sabia o que estava fazendo", me disse ele. "E depois eu ia para casa e fazia aquilo para mim mesmo, e estava tendo muito sucesso com algo que eu gostava e pelo qual eu era responsável." Com o tempo, a frustração atingiu um nível inaceitável e ele decidiu se arriscar e se tornar um YouTuber em tempo integral. "Imagine se eu pegasse todo o tempo que estou dedicando a este emprego de jornada integral e o transferisse para a minha carreira no YouTube. Sinto que a coisa poderá decolar."

Seu primeiro ano como criador em tempo integral foi desgastante, segundo ele, pois o que fazia parecia não apenas um emprego mas também uma ocupação que preenchia cada hora do seu tempo. Perguntei se aquilo significava que ele estava passando mais tempo editando sequências, produzindo vídeos de maior qualidade ou colaborando com outros astros e estrelas. "É tudo isso", respondeu ele, "mas também fomentar a parte criativa, porque o que eu faço não se resume a carregar o vídeo e simplesmente torcer para que ele seja um sucesso. É também responder a comentários, promover o vídeo, fazer as *thumbnails*,* responder aos tweets, interagir com a comunidade do Tumblr, a comunidade do Facebook e descobrir a linguagem de cada uma dessas diferentes comunidades e o que funciona lá, sendo que cada plataforma é completamente diferente".

O esforço descrito por Tyler muitas vezes não aparece nas conversas sobre YouTubers bem-sucedidos. A velocidade explosiva dos vídeos virais e dos fenômenos sociais pode levar as pessoas a acreditar que os YouTubers não passam de sucessos meteóricos, pessoas que, sem muito esforço, tiraram a sorte grande. E, embora certamente tenhamos visto astros e estrelas ascenderem rapidamente, a maioria daqueles que construíram carreiras no YouTube fizeram isso ao longo de anos em um esforço constante e prolongado.

Na realidade, os vídeos que alcançam muito sucesso não raro podem ser limitantes para os criadores, da mesma maneira que um grande hit pode transformar bandas esforçadas em bandas de um sucesso só. "Nunca tive um vídeo

---

*A imagem que precede o vídeo antes que alguém comece a assistir. *(N. do A.)*

viral na minha vida", me disse Tyler. "E dou graças a Deus por isso, porque, se as pessoas estão assinando o canal, elas o fazem só por esse vídeo. Elas não estariam lá por causa da jornada. Então, quando você faz algo diferente — que qualquer pessoa desejaria fazer —, há uma dissociação. Prefiro ganhar dez assinantes em cada vídeo a 10 mil em um só."

Quando reflito sobre o sucesso de Tyler, é essa disposição de formar conexões pessoais aos poucos, com o tempo, que eu acredito estar por trás de grande parte da sua história como um criador. Ele opera menos como uma celebridade que procura ficar o mais em evidência possível e mais como um político "de varejo" que deseja conquistar seus seguidores, mesmo que isso exija mais trabalho. Mesmo que isso signifique entender e dominar os dialetos do Facebook, Twitter, Snapchat e Tumblr. Mesmo que isso signifique pegar um avião para o outro lado do país para se reunir com trezentos universitários em uma quinta-feira à noite. Mesmo que isso signifique compartilhar detalhes profundamente pessoais de si mesmo com seus fãs.

"Sempre produzi vídeos do YouTube desde o início como um diário do qual as pessoas têm a chave", me disse Tyler. "E aprendi isso cada vez mais, inclusive neste ano: quanto mais eu sou sincero, mais as pessoas ficam envolvidas e sentem uma conexão mais profunda."

Sinceridade no entretenimento; há uma tensão interessante nessa ideia. Durante décadas, as formas mais populares de entretenimento envolviam suspender a descrença. Afinal de contas, os atores representam em comédias e dramas, nas esferas fantásticas de *Game of Thrones* e nas galáxias futuristas de *Star Wars.* Sempre se acreditou que as pessoas buscavam escapismo, e não autenticidade, na televisão e no cinema. Até hoje, o filme de maior bilheteria de todos os tempos (depois de considerar a inflação) é *E o Vento Levou,* feito que os historiadores atribuem ao seu lançamento durante a Grande Depressão, quando ele proporcionou uma distração para milhões de norte-americanos em tempos difíceis. Ao voltar a atenção para um passado ainda mais complicado, *E o Vento Levou* deu às pessoas uma maneira de esquecer o presente.

Depois, na virada do século, começamos a ver os primórdios de um novo tipo de entretenimento. O despontar de programas da televisão como *Big Brother* e *Survivor* pareceu sugerir que as pessoas estavam sedentas por algo um pouco mais "real" que as fizesse lembrar de sua própria vida. O público adorava ver pessoas comuns lançadas em situações que variavam de competições angustiantes a shows de talentos com grandes prêmios em jogo. As pessoas até mesmo sintonizavam programas nos quais o cineasta é um observador objetivo, como "uma mosca na parede", que retratavam a vida em atividades aparentemente mundanas, como as séries *Airport* e *The Hotel,* da BBC.

As redes de televisão rapidamente aderiram à tendência, compreendendo que podiam atrair uma boa audiência com muito menos dinheiro do que gastavam com dramas de 60 minutos ou sitcoms de meia hora. À medida que os reality shows evoluíram e passaram a ser mais atrativos, como *American Idol* e *Deadliest Catch,* o gênero se tornou tão popular que suas técnicas e estética começaram a se infiltrar em séries com roteiros, como *The Office* e *Modern Family.*

No entanto, a realidade rapidamente se perdeu nos reality shows. Hoje, eles têm uma fórmula pronta e uma grande produção, com intervalos comerciais nos momentos de suspense perfeitamente cronometrados e uma música projetada para intensificar a tensão em desafios e momentos importantes. Ainda há alguns lampejos de surpresa e bondade genuínos, como quando uma amadora como Susan Boyle revela ser realmente talentosa.* Mas, na sua maior parte, os reality shows sucumbiram ao desejo das redes de televisão por um sucesso controlado e reproduzível, sacrificando sua espontaneidade. Isso não significa que a popularidade dos reality shows vá diminuir — acima de tudo, eles são baratos e ainda podem ser incrivelmente interessantes, mesmo que pareçam forjados — mas não creio que possam ser considerados tão sinceros ou revigorantes como eram quando estrearam.

Mas o que permanece real a respeito dos reality shows é o desejo dos telespectadores por algo menos refinado, com pessoas que se parecem mais com eles e que lidam com assuntos mais próximos a sua realidade.

Na verdade, foi exatamente esse desejo que levou o Google a comprar o YouTube.

Antes de o Google comprar o YouTube, alguns talvez se lembrem de que a empresa de busca tinha em andamento seu próprio projeto de vídeo, chamado Google Video. A diretora desse projeto era Susan Wojcicki, a atual CEO do YouTube (e minha chefe), e inicialmente seu foco era assinar acordos com os estúdios de Hollywood a fim de oferecer

*Não é de causar surpresa que esses sejam os clipes que tendem a viralizar no YouTube. *(N. do A.)*

filmes e programas de televisão on-line. Na época, esse era um território relativamente inexplorado, vários anos antes de eu trabalhar em acordos semelhantes para lançar o serviço de streaming da Netflix, e as negociações foram difíceis. Assim, junto com o esforço de obter conteúdo comercial, o Google Video deixava que os usuários carregassem seu próprio conteúdo de vídeo. Em uma crítica que o *New York Times* fez sobre o serviço, ele o chamou de "lixo misturado com um tesouro".

No entanto, ao que se revelou, o "lixo" amador estava se saindo muito melhor do que o conteúdo profissional que o Google conseguira licenciar. O primeiro vídeo a alcançar 1 milhão de visualizações no Google Video apresentava dois estudantes universitários chineses, ambos vestindo camisetas de Yao Ming, do Houston Rockets, movendo os lábios fingindo cantar "I Want It That Way" dos Backstreet Boys no seu dormitório na Academia de Belas-Artes de Guangzhou* enquanto seu colega de quarto se diverte com jogos de computador em segundo plano. Era a isso que as pessoas queriam assistir on-line, não a programas de televisão.

Esses primeiros sucessos convenceram Susan e o restante da liderança da Google de que o crescimento explosivo dos vídeos on-line não viria de Hollywood, e sim do conteúdo criado pelos usuários. E, apesar dos esforços do Google Video, o YouTube estava crescendo em um ritmo muito mais rápido. Em 2006, o Google adquiriu o YouTube por US$1,65 bilhões em ações. Na época, foi a maior aquisição que a Google jamais fizera.

*Os "Back Dorm Boys" logo assinariam um contrato de cinco anos com a empresa de gestão de talentos Taihe Rye Music, com sede em Pequim, e se tornariam porta-vozes da Motorola. *(N. do A.)*

Susan previu que o conteúdo amador não apenas poderia desafiar o conteúdo profissional, mas que também, em alguns casos, poderia superar o desempenho deste último. Os primeiros sucessos virais como "Charlie Bit My Finger" e "David After Dentist" confirmaram isso, exibindo momentos do cotidiano — embora inesperados e hilários — ocorridos na vida de pessoas comuns. Tyler Oakley e a maioria dos outros vloggers do YouTube levaram essa ideia mais adiante, expondo completamente toda a sua vida, o que abriu espaço para conversas mais profundas e significativas com seus fãs.

Para Tyler, isso significou os primeiros vídeos nada lisonjeiros em seu quarto no dormitório. Significou falar sobre problemas com a imagem corporal e, mais tarde, revelar suas dificuldades com um distúrbio alimentar. Significou escrever a respeito do uso de drogas e de um relacionamento abusivo no livro *Binge*. No entanto, significou, em particular, falar abertamente sobre sua sexualidade, em 2007, quando isso ainda era raro na cultura americana.

"No que diz respeito à autenticidade, grande parte da minha identidade é minha sexualidade e ser gay", me disse ele. "Sempre fui gay no YouTube. Nunca fiz um vídeo para revelar minha homossexualidade; não acho que algum dia isso tenha sido necessário. Creio que isso foi uma parte enorme do meu sucesso, não apenas por eu ser aberto com relação ao assunto mas também por tratá-lo como algo normal, sem nada a esconder."

Tyler revelou oficialmente sua homossexualidade ainda no final do ensino fundamental, quatro anos antes de produzir seu primeiro vídeo no YouTube, "então, eu tinha a vantagem inicial de me aceitar e me sentir à vontade comigo mesmo", contou-me. Ele foi capaz de lidar com isso no ensino médio com a ajuda de outros alunos e professores abertamente gays. Isso não quer dizer que revelar sua homossexualidade tenha sido fácil; no início, seu pai biológico não aceitou muito bem e chegou a sugerir a terapia de conversão.* Entretanto, quando ele começou a fazer vlogs, ser gay era uma parte tão normal de sua vida que, afirma ele, "eu não sentia que isso me descrevesse de alguma forma".

O que Tyler enfatiza a respeito da época em que começou a compreender sua identidade foi a ausência de modelos de vida gays. "Nas entrevistas, às vezes me perguntam: 'Que ícones gays você tomou como modelo?' ou 'Com quem você identificava?' Literalmente, não consigo pensar em ninguém. Eu me lembro de Ellen ou *Will & Grace*, mas não havia ninguém em quem eu me visse. O projeto It Gets Better não existia, e eu estava descobrindo quem eu era, procurando coisas no Google e tentando me relacionar com pessoas."

Ele prosseguiu falando a respeito da falta de representação na mídia convencional em uma entrevista com a revista *New York*, detalhando como a mídia social estava concedendo a grupos sub-representados mais controle sobre a maneira como eles são retratados. "A mídia tradicional não tem sido um bom lugar para as vozes marginalizadas contarem suas histórias. (...) Mesmo com tudo o que mudou daquela época para agora, muitas vezes esses relatos ainda

---

*Uma cena comovente no documentário de Tyler sobre a turnê, *Snervous*, é quando ele confronta o pai a respeito daqueles primeiros dias, embora agora eles tenham se reconciliado. Ele disse à revista *New York* que era importante incluir essa cena para mostrar que a aceitação pode aumentar com o tempo. "Caso haja jovens assistindo e que estejam pensando: 'Meu pai me odeia ou não entende quem eu sou', não quero que eles pensem que isso é o fim da linha." *(N. do A.)*

são escritos por pessoas que não representam realmente esses grupos. Mas, agora, os marginalizados podem falar por si mesmos nessas plataformas, e o público está escolhendo as pessoas em vez de as pessoas mostradas ao público.

De acordo com Tyler, essa mudança transformou a sociedade. "Agora você pode ir ao YouTube, procurar a história de uma pessoa que revelou ser gay e encontrar dezenas de milhares de resultados", me disse ele. "Você consegue encontrar pessoas que expressam o que você sente. Acho que, graças ao YouTube, a aceitação da própria sexualidade foi acelerada de maneiras incomensuráveis. O progresso que tem sido feito está se tornando cada vez mais rápido, e eu acredito que isso seja por causa do YouTube e da internet. Creio que é porque as pessoas estão sendo autênticas."

Falamos sobre essa ideia com muita frequência no YouTube — se estamos desempenhando um papel na ampliação dos horizontes da sociedade e aumentando a aceitação da comunidade LGBTQ ao conectar pessoas a diferentes vozes. É claro que é difícil se responsabilizar pelo progresso social, e todos já vimos como os movimentos pela tolerância podem enfrentar obstáculos enquanto se esforçam para avançar. No entanto, é um motivo de orgulho para nossa empresa que os criadores que são LGBTQ proporcionem conforto àqueles que acreditam ter de ocultar quem realmente são.

Mesmo assim, a crença de que sua empresa tecnológica está "mudando o mundo" é um clichê sedutor. Por isso, perguntei a Tyler se ele realmente acreditava que o YouTube tivesse acelerado a aceitação de pessoas com diferentes estilos de vida e valores. Ele respondeu sem hesitar: "Senti isso na pele. Acho que, por causa da internet, me tornei mais tolerante, mais indulgente, mais versado em outras culturas. Sinto que aprendi a respeito dos meus próprios privilégios por causa da internet. Sinto que o mundo está muito mais acessível — o mundo não é intimidante — porque vi isso no YouTube."

Isso levou Tyler a usar seu próprio sucesso para tornar o mundo menos intimidante. Ele passou a defender publicamente o Trevor Project, a principal organização nacional para a prevenção de crises e suicídios para jovens gays em situação de risco. Todos os anos, no dia do seu aniversário, Tyler dedica seu canal à conscientização e à arrecadação de fundos para a empresa sem fins lucrativos. Até esta data, ele ajudou a arrecadar mais de US$1 milhão em doações dos seus fãs. Quando lhe perguntei como começara seu envolvimento com o Trevor Project, parti do princípio de que ele queria usar sua fama para ajudar uma causa meritória. Mas a história era muito mais tocante.

"Houve um momento no YouTube em que me vi de volta à faculdade", disse ele, "quando recebi uma mensagem de um garoto dizendo que, em vez de se matar, ele assistia aos meus vídeos. E eu pensei: como responder a isso? Como compreender isso? Ainda hoje não consigo entender.

"Antes disso, eu nunca tinha sentido que tinha uma responsabilidade social; ou talvez eu simplesmente não percebesse o impacto que se pode causar na internet quando se é honesto consigo mesmo, sem se culpar por ser como é, apesar de não se encaixar nos padrões convencionais da sociedade. Mas acho que aquela mensagem realmente abriu os meus olhos."

Tyler se sentiu inspirado a encontrar uma empresa específica sem fins lucrativos para apoiar por meio do Project for Awesome, de John e Hank Green, que pede aos fãs que apresentem vídeos sobre a instituição beneficente ou empresa sem fins lucrativos que eles acreditam merecer o apoio deles. Ele encontrou o Trevor Project buscando no Google "empresas gays sem fins lucrativos" e pesquisando os diversos resultados. "Eu apenas pensei, tudo bem, aquele garoto teve coragem suficiente para me contar. Deve haver outros que estão pensando a mesma coisa e não dizem nada, seja por que motivo for."

Eu o ouvi descrever as origens do seu apoio na VCU. "Durante um longo, longo tempo, pensei: estou fazendo isso apenas por brincadeira", declarou ele para o público. "Não tenho nenhuma obrigação social. Nunca me comprometi a ser uma boa influência ou algum tipo de modelo de vida. Esse conceito me incomoda", disse ele, erguendo a mão como se repelindo a ideia.

"Mas eu faço parte de uma comunidade que tem a oportunidade de representar algo que a mídia convencional talvez não represente e dar a alguém uma saída para se sentir reconhecido ou aceito. O YouTube lhe oferece a oportunidade única de se conectar com pessoas com as quais você nunca teria sido capaz de se conectar antes. Reconhecer tudo isso e tentar fazer o melhor que posso é um desafio. Mas é um bom desafio. E sou grato por ter tido aquela guinada e reconhecido isso, porque há muitos YouTubers que são dez vezes melhores do que eu e deveriam ter dez vezes mais assinantes do que eu, mas não têm por uma série de motivos que são sistemáticos na nossa sociedade."

Depois de produzir seu primeiro vídeo em apoio ao Trevor Project, Tyler esperava uma reação favorável, mas tímida. "O vídeo se saiu excepcionalmente bem", disse ele. "Lembro apenas de ter compreendido que as pessoas se conectaram com ele. E pensei, tudo bem, talvez ele tenha obtido 50 mil visualizações; são mais 50 mil pessoas que passam a conhecer esse recurso. E talvez 1% delas algum dia chegue ao ponto de precisar usá-lo. Mas o que é 1% de 50 mil? Isso é revolucionário. Preserva a vida. Fortalece a vida."

É claro que Tyler não está sozinho nem como YouTuber gay nem como alguém que defende uma aceitação mais ampla da comunidade LGBTQ. Uma das primeiras iniciativas bem-sucedidas para aumentar a conscientização a respeito das elevadas taxas de suicídio entre a juventude LGBTQ foi o projeto It Gets Better, de Dan Savage, que incentivou as pessoas a filmar vídeos para proporcionar esperança a adolescentes vítimas de bullying. Celebridades como Ellen DeGeneres e Neil Patrick Harris, assim como políticos como o ex-presidente Barack Obama e David Cameron, ex-primeiro-ministro do Reino Unido, postaram vídeos no YouTube, todos com milhões de visualizações.

Desde então, o jovem criador e cantor australiano Troye Sivan e a guru de beleza Ingrid Nilsen são apenas duas das muitas pessoas que fizeram vídeos poderosos e comoventes sobre a revelação da homossexualidade e usaram sua fama para discutir os direitos dos gays. A vlogger de moda e modelo Gigi Gorgeous, uma das YouTubers mais populares no

Canadá, documentou no seu canal sua transição de homem para mulher anos antes de Caitlyn Jenner e Laverne Cox se tornarem nomes famosos.

Esses criadores se juntam a centenas de outros que utilizaram seus canais para defender causas sociais. Bethany Mota, uma criadora de beleza imensamente popular, começou seu canal aos 13 anos de idade como um escape ao *cyberbullying* que sofreu na adolescência. Ela acabou se tornando uma voz proeminente no movimento antibullying. Quando participou do programa *Dancing with the Stars,* ela fez uma apresentação que evocou suas antigas dificuldades, dançando com seu parceiro enquanto palavras como *nerd, aberração* e *fracassada* apareciam em uma tela atrás dela, mais à frente se transformando nas palavras *corajosa, inspiradora* e *eu amo quem eu sou.*

Nilam Farooq, uma das criadoras mais populares na Alemanha, emprestou sua voz a diversas causas. Ela foi defensora da igualdade de gênero e ajudou a liderar um projeto de aconselhamento para incentivar mais meninas e mulheres a serem criadoras bem-sucedidas de vídeos. Em uma época em que tantas pessoas demonizam os refugiados sírios que buscam asilo na Europa, ela dedica vários vídeos à crise, na tentativa de colocar uma face humana na tragédia. Recentemente, Nilam ajudou a lançar o canal de estilo de vida Ellevant Media, focado em assuntos que vão da industrialização dos alimentos ao tumulto político na Turquia, uma espécie de versão socialmente consciente do Goop de Gwyneth Paltrow.

"Ninguém é obrigado a usar sua plataforma para uma causa", me disse Tyler. "Mas acho que você está perdendo uma oportunidade se não reconhecer que pode mudar o mundo, quer você tenha um assinante ou 1 milhão, ao compartilhar o que é importante para você. Você não vai se lembrar de quantas visualizações teve em determinada sessão de perguntas e respostas, mas vai se lembrar das mensagens que receber [de adolescentes em situação de risco] ou do bem-estar que ajudou a construir."

Para mim, Tyler é pioneiro de um novo tipo de fama, um tipo no qual sua personalidade, suas preferências, suas convicções, seus valores e até mesmo suas opiniões políticas estão completamente visíveis. Antes da explosão da mídia social, ser uma celebridade significava estar desligado da sociedade convencional, flutuando acima dela em uma esfera de fama inalcançável. Na era anterior de Hollywood, estrelas como Greta Garbo e Marlon Brando eram famosos por serem reclusos, e celebridades posteriores como Michelle Pfeiffer, Sean Penn e Johnny Depp são notoriamente avessas às câmeras em uma era obcecada por tabloides. Negar o acesso das pessoas à sua vida pessoal ou opiniões era um dos princípios da fama — isso alimenta as fofocas e mantém as pessoas intrigadas.*

Hoje em dia, até mesmo Kanye West fez as pazes com os paparazzi. Um novo pacto social emergiu entre as celebridades e seus fãs, pacto no qual aquelas consideradas mais acessíveis, mais abertas e mais autênticas são elevadas acima

*Na série *The Young Pope*, da HBO, o personagem-título explica seu desejo de permanecer oculto do público, citando Stanley Kubrick, J. D. Salinger e Daft Punk como figuras inspiradoras que exercem mais influência por meio do mistério do que da exposição. *(N. do A.)*

daquelas que tentam manter sua vida pessoal e profissional separadas. A prioridade para uma celebridade hoje em dia não é ser venerada, como Michael Jackson ou Madonna, ou mesmo admirada de longe, como Audrey Hepburn ou James Dean; é parecer seu amigo prático e realista (e no entanto impressionante), como Jennifer Lawrence ou Chris Pratt.

O poder que os agentes publicitários costumavam ter sobre a imagem de uma celebridade é hoje rivalizado pelo Instagram, pelo Twitter e pelo Snapchat, que oferecem a promessa de uma ligação direta com as estrelas. Em alguns casos, essas contas são apenas outra maneira de as celebridades ganharem dinheiro, usando o merchandising de produtos de renome para trocar o acesso por lucro. Mas, na maioria dos casos, esses canais da mídia social adicionam uma complexa camada de responsabilidade à fama. Não basta tuitar ativamente a respeito do seu novo projeto ou de algum produto pelo qual você se apaixonou; os fãs esperam que você também reflita sobre o que está acontecendo no mundo.

Talvez em nenhum lugar isso seja mais verdadeiro do que no mundo dos esportes. Na minha infância e adolescência no Bloco Oriental durante a Guerra Fria, o esporte e a política pareciam invariavelmente associados, desde a objeção consciencioso de Muhammad Ali à Guerra do Vietnã ao boicote dos Estados Unidos e da URSS aos Jogos Olímpicos de 1980 e 1984, respectivamente. Mas, nas décadas de 1980 e 1990, parecia que um novo paradigma estava surgindo, caracterizado por uma citação atribuída a Michael Jordan: "Os republicanos também compram tênis." Em outras palavras, era mais lucrativo para os atletas evitar completamente a política.

Essa era parece ter acabado. Hoje, atletas de praticamente todos os esportes usam sua voz para dirigir a atenção das pessoas para assuntos como a brutalidade policial e o encarceramento em massa. LeBron James, o jogador de basquete mais famoso da atualidade, fez uma campanha ativa para os Democratas e foi ao palco no ESPY Awards, incitando todos os atletas profissionais a usarem sua influência para "repudiar todo tipo de violência". A decisão de Colin Kaepernick de se ajoelhar durante a execução do hino nacional desconcertou os fãs da NFL e despertou a paixão dos críticos, mas, sem dúvida, aumentou a conscientização sobre vários incidentes de violência policial que ocorreram durante o ano de 2016.*

Antigos debates a respeito de se os atletas deveriam atuar como modelos de vida ou se as celebridades deveriam emitir opiniões a respeito de política simplesmente não são mais relevantes. Hoje, a notoriedade carrega consigo obrigações e expectativas que se estendem muito além do desempenho no campo ou do talento nas telas. E as estrelas mais dispostas a compartilhar suas opiniões com seus fãs têm a oportunidade de conquistar seguidores mais autênticos e duradouros.

Não estou sugerindo que as celebridades devam apoiar uma causa porque isso é bom para sua carreira. Estou sugerindo que ninguém deve permanecer em silêncio por achar

---

*O próprio Jordan entrou recentemente na conversa sobre raça, criticando tanto a violência dirigida aos afro-americanos por autoridades policiais quanto os assassinatos direcionados da polícia, doando US$1 milhão para cada uma das seguintes instituições: a International Association of Chiefs of Police's, Institute for Community-Police Relations e o NAACP Legal Defense Fund. *(N. do A.)*

que será *ruim* para sua carreira. É quase certo que o número de pessoas repelidas por suas convicções será sobrepujado pelo daquelas que respeitam sua sinceridade e será superado pela boa vontade e confiança que você conquistará entre seus fãs.

Faço essa afirmação porque vejo isso repetidamente no YouTube, uma plataforma onde o sucesso costuma ser definido pelo número de pessoas que conseguimos cativar. Nesse clima, você poderia pensar que expor uma parte maior de suas convicções pessoais seria uma desvantagem. No entanto, os astros e estrelas mais populares expressam aberta e sinceramente suas opiniões pessoais, um comportamento que se reflete nos seus fãs. De acordo com uma pesquisa de opinião que realizamos, os assinantes adolescentes e os millennials estão mais dispostos a compartilhar posts a respeito de suas opiniões políticas ou pessoais do que a respeito de seus relacionamentos pessoais.

O apoio de fãs e criadores a essa abertura resultou em um vínculo mais forte entre eles do que o tradicional fã-clube adolescente. Sessenta por cento desses mesmos assinantes nos dizem que a comunidade formada com outros fãs dos seus YouTubers favoritos é mais forte do que as formadas em torno de celebridades tradicionais da televisão, da música ou do cinema. Já havia mencionado aqui que o mesmo percentual nos diz que um criador do YouTube mudou sua vida ou visão do mundo. Francamente, é um pouco difícil imaginar o mesmo grupo dizendo a mesma coisa a respeito de atores e atrizes talentosos como Bradley Cooper ou Brie Larson (embora eu seja um grande fã de ambos). O relacionamento deles com essas celebridades é fundamentalmente diferente.

Quando questionei Tyler sobre isso, ele explicou que até mesmo o formato do vlog estimula a conexão. "O YouTube é muito íntimo porque um YouTuber fala olhando nos olhos do espectador", disse ele. "Está fisicamente tão perto da tela que parece que você está com um amigo."

Mas eu acredito que essa intimidade seja ainda mais profunda. Quando você encontra atores ou atrizes pela primeira vez, é bem provável que os encontre desempenhando um papel. O sucesso deles depende de você acreditar na representação deles de alguém que não são. No caso dos YouTubers, ocorre o contrário: o sucesso deles depende de você conhecer e gostar de quem eles de fato são. Isso não apenas conduz a uma situação mais íntima; é a definição de como a intimidade é construída.

De volta à VCU, a sessão de perguntas e respostas de Tyler se transformou mais ou menos em uma sessão de aconselhamento, na qual ele lida com uma sabedoria que desafia sua pouca idade.

> Que conselho daria a alguém que está se formando na faculdade e vai ingressar no mundo real?
>
> *É aceitável não saber o que você está fazendo. Aproveite o tempo que lhe resta aqui porque você não o terá de volta.*
>
> Que conselho você daria para alguém que revela sua homossexualidade, além de que tudo vai melhorar?
>
> *Vá com calma, não há pressa. É importante reconhecer que nem todo mundo possui os recursos para ser capaz de*

revelar sua homossexualidade. Nem todo mundo tem proteção, segurança ou o sistema de apoio. Antes de mais nada, saber quando é a hora certa para você representa metade da batalha de estar OK com fazer isso. Muitas pessoas vão ficar felizes e abraçá-lo quando você estiver pronto.

Então, finalmente, uma pergunta feita por cinco participantes diferentes:

Que conselho você tem para alguém que queira começar um canal no YouTube?

Eu diria: ofereça ao YouTube o que somente você pode oferecer. Esse será o motivo pelo qual as pessoas irão assinar seu canal. Se você fizer o que alguém já está fazendo, você será uma versão inferior do que já existe.

5. Não é necessário um passaporte

Lilly Singh, Mr. Bean, K-pop e o caldeirão de cultura da mídia global

Como era de se esperar, até a ||Superwoman|| fica cansada. São mais ou menos três horas da tarde em um dia ensolarado em Los Angeles, mas Lilly Singh, a mulher da Renascença, canadense de origem indiana, está acordada há poucas horas. Com pouco tempo para vaidade, ela está sentada em um sofá no seu apartamento simples em Los Angeles vestindo um conjunto de moletom. "Estou mentalmente revigorada", diz ela. "Posso apenas não estar dando essa impressão." Ela ficara acordada até as oito da manhã, trabalhando nos últimos capítulos do seu livro, um guia motivacional com foco nos millennials, chamado *How to Be a Bawse* [Como ser um *Bawse*, em tradução livre]. Ela queria não ter que virar noites. Queria terminar o livro trabalhando ininterruptamente durante dois meses. "Mas apareceu uma oportunidade na Casa Branca" (filmar um vídeo com Michelle Obama em apoio ao ensino superior) "e depois surgiu o Brasil" (ir às Olimpíadas do Rio como parte de um acordo de marca com a Coca-Cola) "e depois foi o Quênia", (como parte de uma campanha para expandir o acesso à educação para meninas em situação de pobreza), "de modo que as coisas decididamente ficaram um pouco caóticas quando o prazo final se aproximou. O que aconteceu com o tempo?"

Apesar da situação atual de Lilly, o tempo parece estar do lado dela. No que dá a impressão de ser um piscar de olhos, ela deixou de ser uma voz emergente no YouTube para ocupar um posição de supremacia, com mais de 11,5 milhões de assinantes. Nossa equipe de relações-públicas no YouTube me disse que em menos de um ano eles deixaram de ter que explicar para os repórteres das revistas e bloggers da mídia quem era Lilly e passaram a lidar semanalmente com dezenas de solicitações de entrevistas para ela. À medida que sua popularidade cresceu, ela se firmou como palestrante inspiracional, comediante de esquete, cantora, atriz, ativista* e presença habitual no *Tonight Show*. Jimmy Fallon até mesmo filmou um esquete no qual ele se encontra com os pais dela.

Bem, não os pais verdadeiros dela, mas a ideia é essa mesmo. O tema mais discutido e popular de Lilly envolve sua personificação ficcional, versões cômicas dos seus pais. Lilly interpreta ambos os papéis, vestindo saris coloridos para retratar sua "mãe" e usando uma peruca, uma barba curta e pelos falsos no peito para retratar Manjeet, seu

*Ela filmou recentemente um vídeo com Bill Gates para promover o trabalho Global Health da fundação dele. *(N. do A.)*

"pai". Os dois personagens têm suas próprias contas no Twitter, cada uma com mais de 150 mil seguidores. Esses são apenas um dos numerosos personagens e papéis que Lilly interpreta desde que fundou seu canal. A Lilly autora é apenas o mais recente.

Embora ela ainda estivesse trabalhando na versão preliminar do livro quando nos encontramos, ele já tinha um site em pleno funcionamento. No alto da página inicial situa-se a imagem de Lilly, com o longo cabelo escuro e acetinado jogado para o lado, as sobrancelhas arqueadas acima dos olhos delineados com kohl, os lábios e o blazer em uma tonalidade vermelho-YouTube chamativa. Mas logo abaixo da foto, há algo ainda mais marcante. Como na maioria dos sites de livros, nele há um link para uma página de pré-venda da Amazon.com. Mas também há links para Amazon.ca, Amazon.in e Amazon.au. Há links para o site australiano de comércio eletrônico Booktopia, o outlet de livros Mighty Ape da Nova Zelândia e para o site indiano de comércio eletrônico Flipkart. Se há uma coisa que Lilly Singh conhece, é seu público. E esse público é global.

Assim como muitos criadores consagrados, Lilly começou a fazer vídeos como uma maneira de se distrair do tumulto emocional. Mas, no caso dela, o que a afligia não era o bullying ou a ansiedade, mas sim a depressão. Ela estava terminando o último ano de psicologia na Universidade de York, em Toronto, como sua irmã mais velha tinha feito. "Essa era a única razão", disse ela. "Na verdade, eu não me interessava muito por psicologia; estava fazendo o curso por fazer." À medida que a formatura se aproximava, ela começou a ficar deprimida diante da ideia de viver o caminho de outra pessoa. "Eu costumava ser muito criativa quando criança", pensou ela naquela época. "Por que vou me formar em algo porque foi o que minha irmã fez e é o que meus pais querem que eu faça, e ser infeliz por causa disso?"

Em uma ocasião particularmente difícil, ela se deparou com um vídeo no YouTube da comediante JennaMarbles, a criadora mais popular da plataforma havia anos. "Fiquei simplesmente perplexa com o fato de alguém estar criando coisas no próprio quarto", afirmou Lilly, "e de pessoas desconhecidas as estarem assistindo aleatoriamente". Uma coisa era se conectar com os amigos e a família nas mídias sociais, mas em 2010 a ideia de criar um conteúdo on-line para completos desconhecidos ainda causava estranheza.

Foi então que um dia, no porão da casa dos seus pais, ela decidiu carregar um vídeo a respeito das suas ideias sobre religião. O vídeo depois foi retirado do ar,* mas ela recorda que o processo de criá-lo foi singularmente gratificante. "Depois de tanto tempo, senti que 'Uau, estou fazendo algo realmente estimulante e desafiante', e não fiquei triste naquele período de algumas horas", declarou ela. Depois disso, ela fez um segundo vídeo e depois um terceiro, como uma maneira de se distrair e se "automedicar".

À medida que seus vídeos lentamente começaram a ter audiência, ela chegou a uma encruzilhada na sua vida. "Eu estava me candidatando ao mestrado porque era o que meus pais queriam", disse ela. "Eu me lembro de estar preenchen-

---

*"Não porque ele é ruim", me disse ela. "Ele é *muito* ruim; mas simplesmente porque não reflete mais quem eu sou." *(N. do A.)*

do o documento de inscrição e ter parado no meio porque pensei: não é isso que eu quero fazer nos próximos anos. Quero tentar esse negócio do YouTube. Naquele ponto, algumas pessoas me conheciam, mas nem de longe o suficiente para eu tomar a decisão de não estudar."

Ela reuniu coragem para comunicar a seus pais que estava se sentindo infeliz e que o que realmente queria era trabalhar na área do entretenimento. "Na infância e na adolescência eu quis ser *rapper* e atriz, e depois eu fui para a faculdade e convenci a mim mesma de que nada disso poderia acontecer", disse ela. "Para mim, o YouTube era essa centelha que estava reacendendo." Seus pais lhe propuseram um acordo: ela teria um ano para se dedicar à sua carreira on-line, mas, se as coisas não decolassem, ela teria de cursar a pós-graduação.

No decorrer do ano seguinte, ela se dedicou de corpo e alma à sua emergente carreira no YouTube, estudando o sucesso de outros criadores, encontrando-se com eles e criando o máximo possível de conteúdo. Ela estudou edição de vídeo e investiu em uma câmera melhor. E, à medida que foi criando seu canal, sua depressão lentamente começou a desaparecer. Quando lhe perguntei do que mais gostava no processo criativo, ela inicialmente mencionou a etapa de definir metas para o público e os assinantes e conhecê-los. Mas ela também encontrou conforto nos comentários de pessoas lhe dizendo que conseguiam se identificar com seus vídeos. "Completos desconhecidos estavam ouvindo as histórias da minha vida e dizendo: 'Ah, meu Deus, meus pais eram exatamente assim' ou 'Estou passando exatamente pela mesma coisa'. Qualquer pessoa que já tenha tido depressão sabe que você se sente realmente sozinho.

Desse modo, para mim, não me sentir sozinha porque desconhecidos estavam se identificando com meu conteúdo foi realmente reconfortante."

Os criadores poderão dizer que encontraram o sucesso quando venceram uma etapa importante, como ter 1 milhão de assinantes. "Eu cheguei a 1 milhão — poderia ter sido até mesmo 2 milhões — mas ainda achava que tudo aquilo tinha sido um acaso feliz", declarou Lilly. Em vez disso, foi a sua primeira viagem à Índia depois de começar a carreira no YouTube que mudou a maneira como percebia sua influência. Naquela viagem, para a qual ela tinha programado alguns encontros e pontos de parada na turnê, Lilly recebeu uma enxurrada de solicitações da mídia. "Eles queriam que eu fizesse inúmeras entrevistas e que aparecesse muitas vezes na televisão, e isso foi no início da minha carreira. Esses contatos foram uma confirmação não apenas para mim mas também para meus pais. Quando eles viram o país em que nasceram me receber tão bem, eles pensaram: 'Ah, nossa filha está fazendo uma coisa muito legal. Agora nós entendemos isso'".

No entanto, além da atenção da mídia, ocorreu algo ainda mais inesperado: dois dos seus ídolos favoritos de Bollywood a procuraram. Madhuri Dixit, ícone de Bollywood e estrela de *Devdas*, um dos 10 Melhores Filmes do Milênio* da revista *Time*, filmou um vídeo com ela intitulado "What Bollywood Has Taught Me" [O que Bollywood me ensinou, em tradução livre]. O vídeo foi visualizado mais de 5 milhões de vezes, com um número maior de visualizações na Índia do que nos Estados Unidos.

*Sim, deste milênio. *(N. do A.)*

E Shah Rukh Khan, o "Rei de Bollywood", convidou Lilly para ir à sua casa conhecer sua filha, que é uma grande fã dela. Se você nunca ouviu falar em Shah Rukh Khan (ou SRK), experimente buscar no Google "biggest star in the world" [maior astro do mundo, em tradução livre]. SRK é com frequência comparado a Tom Cruise e costuma aparecer na lista anual da revista *Forbes* de atores mais bem-pagos. Entretanto, uma descrição mais exata é que ele é, possivelmente, o ator mais famoso de todos os tempos, tendo vendido bilhões de ingressos de cinema na Índia. Quando se aproximou de Lilly para dizer que era fã dos vídeos dela, ela ficou perplexa. "O quê?", perguntou Lilly. "Você é meu ídolo. E você está me dizendo que assistiu aos meus vídeos no outro lado do mundo e eu não sabia disso?"

Em um dos eventos de Lilly em Mumbai, ele fez uma aparição surpresa. "Eu pensei: 'Ah, meu Deus, as pessoas vão surtar quando virem Shah Rukh aqui'", disse ela. Em vez disso, quando ele se juntou a ela no palco, a entoação do nome dela soou mais alto do que a do dele. "Foi a experiência mais incrível que já tive. Desci do palco e fiquei enjoada. Tive literalmente vontade de vomitar." Depois de ter se recuperado, os fãs começaram a se aproximar do palco, recitando alguns dos seus esquetes, palavra por palavra. "Eu sei que a World Wide Web está no mundo inteiro", disse ela, "mas só entendi isso realmente quando uma pessoa na Índia me disse: "Nossa, eu me identifiquei completamente com o que você falou naquele vídeo." Ela me disse que isso acontece até mesmo com fãs que não falam inglês, que são capazes de imitar os sons que ela faz nos vídeos mas não entendem o que ela está dizendo.

Anteriormente no livro falei a respeito de como as redes de televisão operavam em uma era de espaço limitado na prateleira. Ao controlar um recurso escasso — o tempo de transmissão —, elas podiam vender a programação e o tempo de anúncio para quem pagasse mais. Mas há outra maneira pela qual a escassez entra em jogo na indústria da mídia: restringindo a distribuição de conteúdo dentro das fronteiras do país. Qualquer pessoa que já tenha tentado assistir a um DVD de outra nação sabe como os acordos de direitos internacionais podem ser confusos.

A HBO, por exemplo, onde trabalhei no setor de distribuição internacional, estabelece uma série de normas diferentes para transmitir seu conteúdo ao redor do mundo. Em vários países (principalmente na Ásia), ela é dona e opera uma rede, oferecendo uma versão estrangeira do seu canal americano. Em outras regiões, como na Europa Oriental e nos países nórdicos, a HBO tem *joint ventures* (empreendimentos conjuntos) com firmas da mídia local para transmitir seus programas. Em outros, como o Canadá, a Austrália e a maior parte da Europa ocidental, a HBO licencia seu conteúdo para que empresas da mídia local o distribuam.

Essa complexa rede de acordos existe para que a HBO possa maximizar o valor do seu conteúdo com base no acordo que faça mais sentido para a empresa. Isso é ótimo para a HBO; ela já pagou para produzir o conteúdo para transmiti-lo nos Estados Unidos, então licenciá-lo para a transmissão internacional gera margens de lucro enormes. Mas a consequência é que ela exibe as *premières* em datas distintas em diferentes mercados, e algumas podem nunca chegar ao exterior.

Como o espaço na prateleira na internet é infinito, os modelos de negócios digitais tendem a ser construídos ao redor da abundância, e não da escassez. Em vez de vender o conteúdo em diferentes mercados para quem pague mais, no esforço de obter o preço mais elevado, as plataformas na internet competem para acumular usuários e fidelidade, garantindo que o conteúdo esteja disponível através das fronteiras, e se preocupam em ganhar dinheiro mais tarde. Quando o YouTube começou, o fato de um vídeo poder ser visto pelo maior número de pessoas era essencial, quer a pessoa estivesse em Londres, na Inglaterra; em Londres, em Ohio; ou em Londres, na Nigéria. Ao garantir que qualquer usuário, em qualquer lugar, poderia tanto carregar vídeos para o site quanto assistir a vídeos nele, o YouTube cresceu exponencialmente ao mesmo tempo que se consolidou como um site de mídia inerentemente global.

Hoje, o YouTube está disponível em quase todos os países do mundo (com a notável exceção da China) e paga rendimentos para criadores em noventa países. Versões localizadas do YouTube estão disponíveis em 76 idiomas, entre eles o laosiano, o telugu e o quirguiz, abrangendo 95% da população da internet.

Quando Conan O'Brien visitou o YouTube para uma sessão de perguntas e respostas com nossa equipe, ele falou a respeito de como a distribuição global de clipes dos seus programas tinha ajudado a mudar a sua carreira. "Tivemos um sucesso estrondoso com o YouTube, a ponto de eu ter grande apoio de fãs em muitos países nos quais não apareço porque meu programa não é transmitido neles." Em decorrência de propostas ou pedidos que recebeu desses fãs, ele começou a filmar segmentos remotos em países estrangeiros, entre eles a Coreia do Sul, a Alemanha e a Armênia. "Vou ao aeroporto de Seul, e lá estão, não sei, de 1.500 a 1.800 meninas de 17, 18 e 19 anos gritando, chorando, berrando e guinchando, além de flashes, mídia, empurrões, uma loucura total. É impossível descrever como tudo era insano. Isso é o YouTube. O YouTube fez isso. E meu programa não é exibido na Coreia."

A maioria dos criadores, entre eles Lilly, lhe dirão que a maior parte do seu tráfego vem de fora dos Estados Unidos (em média, mais de 60% das visualizações de um criador do YouTube vêm de fora do seu país de origem).

"Acho que, em comparação com muitos dos outros criadores, meus dados demográficos são realmente interessantes", afirmou ela. "Uma das minhas maiores bases de fãs está em Trinidad, que tem uma população de apenas 1,3 milhão de pessoas", número que ela sabe de cor. "Mas muitas pessoas lá assinam meu canal." Na realidade, mais pessoas assistem aos seus vídeos em Trinidad do que em Bangladesh, um país com 150 milhões de habitantes. Quando lhe perguntei por que, ela explicou que faz muitas referências nos seus vídeos à música soca, uma ramificação do calipso, que é popular em Trinidad e que ela ouvia desde criança em Toronto.

"Conto muitas piadas que as pessoas da Jamaica vão compreender porque cresci com jamaicanos", disse ela. "Quase consigo conversar em tâmil, embora eu não seja do Sri Lanka, não sou do sul da Índia." Todos esses gestos culturais fazem aparições nos seus vídeos, disseminando-se pelo mundo e revelando-se nas suas estatísticas globais.

A popularidade mundial de Lilly a tornou menos disposta a produzir conteúdo que não chegará ao exterior, algo com que nos deparamos quando quisemos adquirir os direitos do documentário da sua turnê. "Outros criadores talvez não enfatizem esse ponto tanto quanto eu", me disse ela. "Mas eu sei que meu [mercado] número seis é Dubai, meu número quatro é a Índia. Sei disso, e sei que esses dados demográficos nem sempre são considerados em muitos acordos comerciais."

Embora seja fácil compreender a popularidade de Lilly no Canadá e no sul asiático, os relatos a respeito do Caribe me surpreenderam. Eu nunca tinha pensado que referências sutis podiam se manifestar em registros de assinaturas e contagens de visualizações em mercados menores.

Outro criador, este sim nascido em Trinidad, Adande Thorne (mais conhecido como "sWooZie"), explicou isso para mim ainda mais detalhadamente. "Sempre que menciono que sou de Trinidad, as visualizações em Trinidad chegam às alturas", afirmou ele. "Apenas pela menção à palavra. E, em qualquer ocasião que vejo meus números crescendo na Austrália ou no Canadá, dou um alô para eles. Posso dizer: 'O primeiro-ministro da Austrália disse X', e todo mundo adora o vídeo na Austrália. Até mesmo um rápido alô em alguns desses vídeos pode levar as pessoas a se agarrar a eles."

Durante décadas, a linguagem foi uma barreira à exportação de conteúdo (o que certamente ocorria em Praga na era soviética, onde uma única pessoa aparentemente fazia toda a dublagem dos filmes contrabandeados).* Como resultado, alguns dos primeiros vídeos que alcançaram verdadeira popularidade internacional no YouTube foram clipes de *Mr. Bean*. O programa teve sucesso no YouTube pelo mesmo motivo que tem sido vendido em 245 territórios ao redor do mundo: de fato, é engraçado, mas, além disso, o personagem nunca fala nada. A ausência de diálogos dispensa a tradução. Do mesmo modo, quando examinamos o sucesso do conteúdo da Warner Bros. no YouTube, descobrimos que os vídeos mais populares não eram os de Batman ou Harry Potter, mas do par silencioso, Tom e Jerry.

Apesar de o inglês ser apenas o terceiro idioma mais popular no mundo, a exportação de conteúdo tradicionalmente ocorreu em uma direção: do Ocidente para fora. Como resultado, gerações de audiências globais cresceram assistindo a dramas de época e desenhos animados americanos, às vezes localizados para refletir diferenças culturais. Por exemplo, você pode conhecer *Os Simpsons*, mas em todo o Oriente Médio eles conhecem *The Shamshoons* (um programa no qual o patriarca, Omar Shamshoon, bebe suco Duff, e não cerveja Duff). Do mesmo modo, o documentário *Exporting Raymond* é uma representação hilária das tentativas do produtor Phil Rosenthal de adaptar seu programa *Everybody Loves Raymond* para o público russo.

Mas essa dinâmica começou a mudar. Graças à internet, a cultura está percorrendo novas rotas, em novas direções, globalizando-se de maneira inédita, do Leste e do Sul para

*Se você está curioso, a rede de pesquisas Media Across Borders produziu relatos fascinantes sobre como o conteúdo é localizado, editado, legendado e dublado enquanto cruza as fronteiras. *(N. do A.)*

o Oeste. Muitas pessoas sabem que *The Office* se originou no Reino Unido. Poucas sabem que *Ugly Betty* se baseou em um programa colombiano, que *Shark Tank* é a versão americana da competição japonesa chamada *Dragon's Den*, ou que *Homeland* é uma adaptação de um drama israelense.

E ninguém demonstrou melhor como os sucessos globais podem se originar de lugares inesperados do que o cantor coreano Park Jae-sang, mais conhecido como Psy. O seu megassucesso K-pop, "Gangnam Style", se tornou o primeiro vídeo na história a obter 1 bilhão de visualizações, e em pouco mais de cinco meses. Ele também foi o primeiro vídeo a obter 2 bilhões de visualizações, e, durante sua inevitável marcha em direção a 3 bilhões de visualizações, nossos engenheiros tiveram de reprogramar o contador do YouTube para que ele pudesse exibir números tão grandes.

A propagação de música no YouTube ajudou "Gangnam Style" a ficar no topo das listas em dezenas de países, entre eles Bélgica, Eslovênia e Honduras. Ela se tornou o *single* a vender mais rápido 1 milhão de cópias na Austrália e, com o tempo, vendeu 5 milhões de cópias nos Estados Unidos. A popularidade da música ao redor do mundo levou até mesmo o Secretário-Geral da Organização das Nações Unidas, o General Ban Ki-moon, a chamá-la de uma "força para a paz mundial".

Isso pode parecer um exagero, mas mesmo que "Gangnam Style" não tenha resolvido crises políticas, a música certamente teve consequências culturais significativas. Antes de seu lançamento, mais da metade da nossa audiência K-pop vinha da Ásia, da Austrália e da Nova Zelândia. Um ano depois, o coeficiente mudou, com a maioria das visualizações ocorrendo fora da região Ásia-Pacífico e mais de 90% vindo de fora da Coreia do Sul. O interesse pela cultura coreana não parou nos vídeos do YouTube; no ano seguinte ao lançamento de "Gangnam Style", o turismo na Coreia do Sul aumentou em mais de 15%, um incremento que a Organização de Turismo da Coreia atribuiu à música.

"Gangnam Style" representou apenas o clímax mais recente na Onda Coreana, ou *Hallyu*, expressão originária da imprensa chinesa para descrever a crescente popularidade da cultura coreana no exterior. Preocupado com o crescimento da música, dos mangás e dos jogos japoneses no mercado negro da Coreia do Sul na década de 1990, o Ministério da Cultura Sul-Coreano começou a investir fortemente na produção de conteúdo doméstico. Quando a crise financeira atingiu a região no final dessa mesma década, a economia sul-coreana começou a se voltar para a mídia, liderando a produção de seriados criativos e músicas pop contagiantes que logo encontraram audiência no exterior.*

Hoje, nenhum país está tão concentrado ou dedicado à exportação de sua cultura quanto a Coreia do Sul, onde a criação de grupos K-pop se parece com a formação de equipes olímpicas. Os pop stars sul-coreanos são recrutados em testes abertos e treinam durante anos para cantar, dançar e representar, não raro ao mesmo tempo que aprendem idiomas estrangeiros. Somente depois de concluir esse rigoroso processo, eles são reunidos em supergrupos com elencos rotativos.

---

*As novelas sul-coreanas se saíram particularmente bem no Oriente Médio. O fato de os dramas de época sul-coreanos exibirem as mulheres em trajes recatados ajuda a limitar a necessidade da censura nos países mais conservadores da região, com alguns programas se saindo melhor lá do que na própria Coreia do Sul. A novela *Dae Jang Geum* atingiu o espantoso índice de 90% da audiência de televisão no Irã, e vários atores sul-coreanos se tornaram grandes celebridades no país. *(N. do A.)*

Lee Soo-man, fundador e produtor da SM Entertainment, o principal grupo de entretenimento da Coreia, explicou o processo criativo de sua empresa em uma reunião de cúpula corporativa do YouTube. "Há uma comissão de produção que analisa o mercado e as tendências de consumo, e uma equipe de artistas e repertório que seleciona e produz as músicas certas para cada artista", explicou ele. "A comissão de produção é responsável pelas apresentações visuais. Eles criam vídeos de música e dirigem apresentações no palco, elaborando estratégias para novos estilos de moda. A equipe de artistas e repertório reúne e monitora diariamente milhares de músicas de compositores e letristas do mundo inteiro antes de escolher a melhor combinação para cada artista."

A SM Entertainment reuniu uma rede de compositores, letristas, coreógrafos e diretores de vídeo do mundo inteiro e sedia regularmente eventos de composição na Coreia do Sul para reunir compositores talentosos do mundo inteiro em um único lugar. "Compositores da Europa e de Hollywood que não se conhecem são convidados a passar semanas e meses com os nossos compositores e produtores, e a trabalhar com nossos cantores talentosos no local", declarou Lee. Nesse encontro do Oriente com o Ocidente, as músicas são produzidas para maximizar seu apelo global. "Criar uma nova música que dure apenas quatro minutos", disse Lee, "pode levar mais de um ano".

As bandas K-pop da SM, como a TVXQ e a Girls' Generation, também lançam músicas no YouTube em múltiplos idiomas, entre eles mandarim e inglês. Nas turnês mundiais, diferentes cantores assumem a posição de destaque no palco com base em suas habilidades linguísticas, e algumas bandas contam com sub-bandas compostas por seus membros que falam mandarim ou japonês. A EXO, uma das bandas de rapazes mais populares no mundo, estreou simultaneamente na Coreia do Sul e na China com duas "unidades" diferentes, a EXO-K (que canta em coreano) e a EXO-M (que canta em mandarim). Eles lançam as mesmas músicas ao mesmo tempo, nos dois idiomas. Os grupos da SM também têm seus próprios jogos, rede social e um aplicativo de karaokê chamado Everysing.

"Se examinarmos a história mundial", comentou Lee, "veremos que sempre foi a economia em primeiro lugar e a cultura em segundo. A força global das economias da Europa e dos Estados Unidos resultaram na penetração cultural. Eu me esforcei para adotar a abordagem oposta: a cultura em primeiro lugar, a economia em segundo."

Essa abordagem tem sido incrivelmente bem-sucedida. A popularidade do K-pop está aumentando no mundo inteiro, apesar de o coreano ser falado por apenas cerca de 80 milhões de pessoas (25 milhões delas vivem na Coreia do Norte, o país com a menor penetração da internet no planeta.) Com os algoritmos de *machine-learning* rapidamente melhorando a precisão da tradução, a linguagem poderá, em breve, deixar de ser uma barreira para a transmissão da cultura. Ao mesmo tempo que empresas como a Netflix se apressam em criar séries como *Narcos* e *Marco Polo* para atrair audiências tanto americanas quanto internacionais, talvez a próxima geração de consumidores não cresça buscando seu entretenimento no Ocidente, como aconteceu comigo. Em vez disso, eles poderão olhar para o leste ou para o sul; ou, a bem dizer, para qualquer outra direção, desde que ela revele algo interessante.

6. Mostre-me algo que eu ainda não tenha visto

A sátira, a representação e a tendência nos vídeos on-line

Atribuo grande parte do sucesso do YouTube em seus primeiros anos ao fato de ele não se parecer em nada com a televisão. Se o YouTube estivesse repleto de comédias originais de trinta minutos que seguem um roteiro, dramas de sessenta minutos ou filmes de noventa minutos, ele nunca teria conseguido competir com a televisão. Sem grandes orçamentos ou o empenho de profissionais qualificados, os amadores que estivessem experimentando esses formatos teriam, na maior parte das vezes, criado algo como uma versão piorada da televisão.

Em vez disso, os clipes do YouTube ofereciam um afastamento radical do programa típico do horário nobre, que era em parte *Americans*

Funniest Videos, em parte arte *outsider*,* em parte confissões genuínas e em parte algo inteiramente novo. Ao criar um conteúdo com uma aparência completamente diferente do disponível na televisão, os criadores do YouTube foram capazes de estabelecer seu próprio nicho.

Isso foi ainda mais verdadeiro nos mercados estrangeiros, onde as pessoas têm menos opções de entretenimento. Se tudo que passar na televisão for futebol, novelas e seriados, você talvez fique desesperado por assistir a algo diferente. E se você olhar para os mercados com o maior consumo de YouTube per capita, isso fica claro. O espectador típico na Arábia Saudita consome quase trinta horas a mais por ano do que o espectador canadense, tornando esse país o mercado per capita mais ativo do YouTube. E, na Arábia Saudita, "não se parecer com quem aparece na televisão" pode simplesmente significar ser uma mulher independente.

Hayla Ghazal é uma jovem YouTuber síria cuja expressão animada, cordialidade, humor e defesa do empoderamento feminino a tornou uma das criadoras mais populares não apenas na Arábia Saudita como também em todo o Oriente Médio e na África do Norte.

Desde bem pequena, ela desejava ser apresentadora, mas sabia que suas opções seriam extremamente limitadas. "Durante muito tempo, tive de acatar o que a sociedade esperava de mim", me disse ela. "Tive de pôr de lado meu sonho de aparecer na frente das câmeras porque eu era mulher." Mas o YouTube lhe deu a chance de realizar seu sonho, e ela

---

*A *outsider art* é a correspondente, em língua inglesa, à *Art Brut* francesa. O termo pode ser traduzido como Arte Bruta, buscando nomear as produções artísticas que existem fora do mercado e/ou do cânone da área. *(N. do A.)*

atraiu milhões de seguidores, embora a ideia de uma mulher aparecer diante da câmera ainda seja considerada tabu por muitos na região. Em 2016, suas mensagens edificantes lhe renderam a chance de se tornar Embaixadora da Mudança para a Igualdade de Gênero das Nações Unidas e um encontro com o Papa Francisco em prol do entendimento e da empatia on-line.

Antes da Primavera Árabe, havia apenas um punhado de criadoras do Oriente Médio no YouTube. Mas a adoção dos smartphones, das mídias sociais e de uma cultura jovem que de repente se sentiu empoderada pelos movimentos políticos locais possibilitou o surgimento de milhares de canais direcionados às mulheres. Esses movimentos sociais também incentivaram o crescimento de outra forma rara de entretenimento nessa região: a sátira.

Em março de 2011, apenas um mês depois que as manifestações de protesto na Praça Tahrir derrubaram do poder o presidente Hosni Mubarak, um cirurgião cardíaco chamado Bassem Youssef montou uma mesa e uma câmera na área de serviço de seu apartamento no Cairo. Seu objetivo era criar sua própria versão de um programa americano que ele adorava, *The Daily Show*. O resultado foi o B+ Bassem Youssef Show, em alusão ao tipo sanguíneo de Bassem. Os primeiros episódios do programa foram fragmentários porém respeitaram seu tributo ao *Daily Show*. Eles exibiam Bassem vestindo um terno diante de um mural na Praça Tahrir, fazendo comentários sobre vídeos e fotos irônicas de políticos locais, aliados a uma edição inteligente, efeitos sonoros e, às vezes, algum convidado. Mas, ao contrário de

Jon Stewart, Bassem não consegue deixar de ficar nervoso, e seu largo sorriso, redondos olhos azuis e sobrancelhas escuras e arqueadas são muito mais adequados a provocar boas gargalhadas do que risinhos zombeteiros.

Quando estreou no YouTube, o show de Bassem se tornou o primeiro programa egípcio independente em produção. Em um país onde a internet atingia menos de 20% da população, um vídeo com 50 mil visualizações era considerado um sucesso viral. O canal de Bassem atraiu 5 milhões de visualizações nos seus primeiros dois meses. Seu sucesso inicial lhe rendeu um contrato na televisão e a criação de outro programa satírico, de notícias diárias, *Al-Bernameg* (O Programa). Depois da primeira temporada, *Al-Bernameg* se tornou um dos mais assistidos da televisão egípcia e o primeiro canal do Oriente Médio a obter 1 milhão de assinantes no YouTube. Os meios de comunicação ao redor do mundo rapidamente aclamaram Bassem como o "Jon Stewart do Egito".

Depois de ser convidado pelo verdadeiro Jon Stewart para aparecer no *Daily Show,* Bassem voltou ao Cairo, inspirado a filmar *Al-Bernameg* diante de uma plateia ao vivo. Para acomodar o filme, ele reconstruiu o Rádio Theatre no centro da cidade do Cairo, uma réplica do Rádio City Music Hall situada a uma caminhada de apenas dez minutos da Praça Tahrir. Na segunda temporada, *Al-Bernameg* se tornou o primeiro programa a ser filmado ao vivo diante de uma plateia no Egito.

A vitalidade do humor de Bassem foi extremamente eficaz perante o público presente, e o entusiasmo ajudou a transformar o show em um sucesso estrondoso. *Al-Bernameg* se tornou um dos programas mais populares do mundo, alcançando, segundo as estimativas, 30 milhões de espectadores em 2012, apenas no Egito. Em comparação, o programa com índices mais elevados nos Estados Unidos nesse mesmo ano, o *NCIS*, atingiu 15 milhões de pessoas — metade da audiência, apesar de ser transmitido em um país com uma população mais de três vezes maior do que a do Egito. Em 2013, Bassem se tornou uma das 100 Pessoas mais Influentes do Mundo da revista *Time* e um dos 100 Principais Pensadores Globais da revista *Foreign Policy*.

Quando seu programa atacou o recém-formado governo de Mohamed Morsi e a Irmandade Muçulmana, Bassem foi ameaçado com ações judiciais e ordens de prisão. No início de 2013, ele foi brevemente detido para ser interrogado, mas foi solto sob fiança. Depois, no dia 30 de junho de 2013, Morsi foi derrubado pelas forças armadas do Egito. Como Jon Stewart explicou quando apresentou Bassem em uma cerimônia promovida pelo Comitê para a Proteção de Jornalistas,* o destino de *Al-Bernameg* era duvidoso.

"Bassem teve uma escolha", declarou Stewart. "Poderia ter interrompido o programa naquele momento e partido como um herói. Ele era amado e seu nome era cantado nas ruas... Ou poderia defender um princípio mais elevado, que sua sátira não tivesse o objetivo de mudar o regime, e sim o propósito da expressão."

Bassem continuou o programa durante o novo regime militar. Ele durou um episódio, antes de ser tirado do ar e proibido. "O novo regime no Egito tem menos senso de humor do que a Irmandade Muçulmana", gracejou Stewart. Depois de ter sido tirado do ar, Bassem deixou o Egito e foi para os Estados Unidos, onde apresenta hoje uma série chamada *Democracy Handbook* na Fusion, canal em inglês da

*Onde Bassem estava recebendo um Prêmio de Liberdade de Imprensa Internacional. *(N. do A.)*

Univision. Ele também lançou *Tickling Giants*, um documentário sobre sua experiência, e escreveu um livro chamado *Revolution for Dummies*.

Apesar do cancelamento extemporâneo de *Al-Bernameg*, a sátira ainda está viva e saudável no Oriente Médio e além. Depois de se tornar o primeiro comediante de stand-up local a se apresentar no palco na Arábia Saudita, Fahad Albutairi começou um programa no YouTube chamado *La Yekthar*.* Ele usou seu show para criticar a corrupção e o desemprego na região por meio de esquetes sarcásticos, atraindo milhões de visualizações para seu conteúdo e ganhando o apelido de "o Seinfeld da Arábia Saudita". Posteriormente, Albutairi alcançou um sucesso viral global quando coproduziu uma paródia tipicamente saudita de Bob Marley chamada "No Woman, No Drive".**

Na Índia, a trupe de comédia AIB fez uma série de vídeos de humor ácido que criticavam o tratamento e a maneira como as mulheres eram percebidas no seu país natal. Depois que um horrível estupro em um ônibus particular no sul de Nova Delhi causou a morte de uma jovem em 2012, irromperam protestos em toda a Índia. No entanto, apesar da indignação, um ponto de vista difundido permaneceu no país, o de que as mulheres eram responsáveis por provocar seus agressores. Em resposta, a trupe de comédia fez uma Comunicação de Interesse Público chamada "Rape: It's Your Fault",*** estrelando uma jovem atriz sorridente defendendo afirmações fabricadas como: "Estudos científicos indicam que as mulheres de saia são a principal causa do estupro."

*"Mantenha Tampado", em tradução livre. (*N. da T.*)
**Amostra da letra: "Ei, querida, não toque nesse volante." (*N. do A.*)
***"Estupro: A Culpa é Sua." (*N. da T.*)

O vídeo viralizou em todas as plataformas de mídia social e firmou a AIB como uma voz satírica de destaque no país.

E no Brasil, o segundo maior mercado do YouTube em tamanho de audiência, um dos primeiros canais a ter sucesso foi o do grupo de comédia de esquete Porta dos Fundos. Seus membros vêm da mídia tradicional: diretores, roteiristas, atores, atrizes e comediantes. Se tivessem desejado criar um programa de comédia na televisão, eles teriam tido os recursos e os contatos necessários. Mas o grupo tinha uma visão específica para uma série que desafiou os espectadores e rompeu fronteiras; uma série que contava piadas que não eram contadas na televisão brasileira.

Ian Fernandes, um dos membros fundadores do grupo, explicou a visão do Porta dos Fundos em uma conferência de mídia no Rio de Janeiro em 2014: "Para ser um comediante de sucesso, para realmente entreter as pessoas e fazê-las rir, é preciso desafiá-las", disse ele. "É preciso despertá-las, fazê-las pensar, enxergar o absurdo da vida do dia a dia, da interação humana. É preciso romper fronteiras. Queríamos contar as piadas que outras pessoas não estavam contando na televisão. E queríamos abordar temas — religião, burocracia, corrupção — que não estavam sendo tratados satiricamente."

Esse desejo os levou ao YouTube, onde eles poderiam se expressar sem medo de censura. No início, seus esquetes atraíram uma resposta satisfatória. Mas, cinco meses depois da sua estreia, durante as festas de fim de ano, sua popularidade aumentou vertiginosamente. Os estudantes universitários que tinham se tornado fãs da série voltaram para casa e começaram a compartilhar seus vídeos com a família, resultando em milhões de visualizações durante essa época. Um dos vídeos que se saíram particularmente bem no Natal foi um esquete mostrando Jesus sendo demitido da oficina de um carpinteiro por ser tenso demais e se recusar a xingar como os outros trabalhadores. Em dois anos, o Porta dos Fundos passou a ser o canal mais popular do Brasil e se tornou o primeiro a atingir 10 milhões de assinantes no país.

Em 2015, fui ao Brasil me reunir com alguns de nossos parceiros, entre eles alguns membros do Porta dos Fundos. Durante minha estadia, promovemos um evento para que profissionais de marketing e executivos de agências publicitárias locais conhecessem alguns criadores populares do YouTube. O intuito era ajudá-los a compreender a popularidade de nossos criadores. Eu esperava que o evento fosse parecido com os demais, com representantes das marcas expressando uma modesta surpresa diante do alcance das plataformas digitais, a um custo bem menor do que o que eles estão acostumados a pagar na televisão. Mas logo vi que esse evento ia ser diferente.

No Brasil, o censo usa cinco categorias oficiais para designar a raça de uma pessoa. Há o amarelo, o índio, o pardo, o preto e o branco. Se você caminhar por Copacabana, verá cada uma dessas categorias representadas. Em um dos países etnicamente mais diversificados do mundo, é quase impossível diferenciar um turista de um local. Adoro esse caldeirão cultural; é o que torna o Brasil um dos meus países preferidos no mundo.

No entanto, se você ligar a televisão, a não ser que esteja assistindo a um jogo de futebol, é bem provável que você só veja brancos. Spike Lee, que filmou um documentário no

Brasil para a Copa do Mundo de 2014, disse a uma agência de notícias que, se você assistir à televisão brasileira, "achará que todos os brasileiros são louros de olhos azuis".

No evento dos anunciantes, havia criadores de todos os estados e de todas cores. Havia gurus de beleza negra e dançarinos e dançarinas de samba de pele escura, vloggers LGBTQ com cabelo rosa-shocking e comediantes de esquete descolados com tatuagens e barba. Havia diretores de música de pele negra e gamers de olhos verdes, e, sim, havia também louros e louras. Havia afro-brasileiros, ásio-brasileiros e descendentes de europeus, todos com audiência no YouTube.

"Quem são esses jovens?", um executivo me perguntou.

"Acho que este é o verdadeiro Brasil", respondi com um largo sorriso no rosto.

Falar ou contar piadas sobre assuntos não discutidos na televisão pode ser um caminho para ganhar o público no YouTube, mas simplesmente *parecer* diferente poderia promover a popularidade de um criador? Como mencionei no capítulo anterior, as comunidades na internet podem atuar como uma área importante na qual é possível descobrir pessoas com pontos de vista semelhantes. Mas talvez elas possam ser um lugar para se buscar vozes subrepresentadas e ouvir pessoas contarem histórias pouco vistas na tela. A representação importa, e a ausência de descrições na tela pode deixar os telespectadores com um forte desejo de ver descrições significativas de pessoas com diferentes perfis étnicos.

Os norte-americanos de descendência asiática, por exemplo, o grupo demográfico que cresce mais rápido nos Estados Unidos, estão significativamente subrepresentados no cinema e na televisão.* De acordo com a Annenberg School for Communications and Journalism da USC, somente 1,4% dos protagonistas nos filmes de Hollywood são asiáticos, apesar de os asiáticos formarem mais de 6% da população do país.

Mas no YouTube, os criadores asiáticos se tornaram alguns dos primeiros astros e estrelas da plataforma e continuam a compor uma proporção colossal dos nossos principais criadores. Michelle Phan foi uma das primeiras gurus da beleza e uma das primeiras criadoras que conheci quando ingressei na empresa. Quando ainda estava no ensino médio, ela conseguiu um emprego no balcão de cosméticos da Lancôme no shopping da sua cidade. Desapontada, porém sem perder o ânimo, ela direcionou seu amor pela maquiagem para um canal de beleza próprio. Em vez de ajudar clientes no shopping, ela ajudaria milhões de espectadores do YouTube a encontrar sua beleza.

Em poucos anos, devido à popularidade desse canal, ela se tornou a primeira artista oficial de maquiagem em vídeo da Lancôme, e logo fundou sua própria empresa de produção para ajudar o crescimento de outros vloggers da beleza. Posteriormente, em 2012, ela fundou um clube de assinatura de maquiagem chamado Ipsy, empresa hoje avaliada em mais de meio bilhão de dólares.

---

*Quando recebeu o Emmy de Melhor Roteiro em Série de Comédia por *Master of None*, em 2016, Alan Yang resumiu eloquentemente a atual descrição dos asiáticos na mídia: "Há 17 milhões de ásio-americanos neste país, e há 17 milhões de ítalo-americanos. Eles têm *O Poderoso Chefão, Os Bons Companheiros, Rocky: Um Lutador, Família Soprano*. Nós temos Long Duk Dong. Então, temos um longo caminho pela frente." *(N. do A.)*

O sucesso de Michelle foi precedido pelo do comediante Ryan Higa, que começou a postar vídeos no ano de lançamento do YouTube e acumulou quase 20 milhões de assinantes até esta data. Freddie Wong passou a postar vídeos em 2007, antes de começar uma das web séries mais bem-sucedidas de todos os tempos, *Video Game High School*. E Wong Fu, o trio de produção de filmes formado por Wesley Chan, Ted Fu e Philip Wang, começou a fazer o upload de vídeos de música e de filmes de curta-metragem mais ou menos na mesma época que Freddie, e logo passou a fazer turnês pelas faculdades e a conquistar apresentações no circuito internacional de filmes de curta-metragem. A Wong Fu se tornou uma próspera empresa da nova mídia, ao lado da Higa TV Productions de Ryan Higa e do estúdio de Freddie, RocketJump, todos os três focados em colocar os asiáticos tanto atrás quanto na frente da câmera.

Embora o YouTube tenha maior proporção de estrelas do sexo feminino, asiáticas e latino-americanas* entre os principais canais do que os principais programas e filmes da televisão, quando se trata da popularidade de criadores negros, nossos números não são melhores do que os de Hollywood. Na realidade, a não ser que você leve em conta os músicos, apenas um dos cem canais mais populares do YouTube no momento em que escrevo estas linhas foi criado por um afrodescendente, o gamer e comediante britânico KSI.

Em 2016, promovemos um evento privado dedicado aos nossos criadores negros, na esperança de fortalecer a presença da comunidade na nossa plataforma. Convidamos uma série de palestrantes, como a comediante Wanda Sykes,

---

*Os criadores latino-americanos se saem bem melhor na plataforma, embora quase todos residam fora dos Estados Unidos e criem vídeos em espanhol. (*N. do A.*)

o ativista DeRay Mckesson e o figurão da Def Jam, Russel Simmons, e todos falaram a respeito da dificuldade que os afro-americanos enfrentam para contar suas histórias.

Assim, tomamos conhecimento de que nossos números de criadores negros não eram melhores do que os de Hollywood e que alguns dos fatores que refreiam o talento negro na mídia tradicional também se infiltraram na nossa plataforma. Os algoritmos que recomendam conteúdo ou programas na nossa primeira página são projetados para ser imparciais, mas as estatísticas mostram que eles ainda estão sujeitos às mesmas tendências — inconscientes, explícitas ou sistêmicas — que existem na sociedade. Ter uma plataforma aberta em que qualquer pessoa pode contribuir não é suficiente para garantir uma representação igual.

Perguntei a Adande Thorne, nosso criador norte-americano negro mais popular, com quase 5 milhões de assinantes, por que ele achava que não havia mais criadores negros na plataforma. Ele atribuiu parte do problema a uma questão de suprimento. Para criar um canal bem-sucedido no YouTube, "você precisa ter uma boa câmera, o equipamento de edição, um bom computador", disse ele. "Muitos dos meus amigos negros não têm isso. Eles não têm o dinheiro; eles não dispõem de tempo; eles não estão interessados. Mas eu reparei que no Vine, no Instagram, nas coisas mais curtas onde tudo o que a gente precisa é um telefone, muitos dos meus amigos negros estão bombando."

Thorne passou então a destacar uma questão que era mais perturbadora: "Eu notei que sempre que há uma *thumbnail* do meu rosto, ela sempre obtém uma reação pior do que a de uma *thumbnail* de uma imagem animada que eu tenha desenhado. E, mesmo que meu personagem animado seja negro, ele ainda obtém mais visualizações do que um vídeo com o meu rosto, porque, quando se trata de descobrir, muita gente olha para uma imagem como aquela e já tem uma ideia preconcebida do que esperar: 'Nossa, esse cara vai xingar muito. Ele vai usar a palavra com N.* Ele vai fazer isto, ele vai fazer aquilo'." Em outras palavras, os espectadores se mostravam menos propensos a assistir a um vídeo quando sabiam que o criador era um homem negro, mesmo em comparação com um personagem animado negro.

Depoimentos indicam que as mulheres negras enfrentam um preconceito ainda maior. As criadoras negras nos dizem que a pele mais escura e o cabelo mais enrolado conduzem a uma contagem mais baixa de assinaturas e visualizações. Isso parece valer até para criadoras cujos canais são dedicados a apoiar o movimento do cabelo natural.

Como a demanda no YouTube é muito grande, os espectadores com frequência estão decidindo o que vão assistir em seguida. E essas decisões não são tomadas isoladamente; os espectadores estão escolhendo se vão clicar em uma *thumbnail* em detrimento de outra. Como Adande explicou, nessa competição, um vídeo recomendado de um criador negro pode ser clicado com menos frequência do que o vídeo de um criador branco. Com o tempo, essa preferência ganha importância nos algoritmos de recomendação que se concentram em fornecer aos espectadores os vídeos que eles têm mais probabilidade de assistir.

---

*Ele está se referindo à palavra *nigger* (negro), termo que, hoje em dia, talvez seja a palavra mais ofensiva da língua inglesa. O seu grau de ofensividade aumentou acentuadamente nos últimos anos, embora a palavra tenha sido usada de uma maneira pejorativa desde pelo menos a época da Revolução Americana. (*N. da T.*)

"Se você tiver duas *thumbnails* lado a lado", explicou Adande, "um jovem negro e uma garota bonita branca, eu e provavelmente a maioria das pessoas clicaremos na moça branca, entende? E talvez a gente possa depois voltar ao cara negro. Acho que é apenas por causa do que fomos condicionados a ver."

Depois de falar com Adande, voltei a dar uma olhada no seu canal. Entre os seus trinta vídeos mais populares — ao longo de uma carreira de quase uma década — nenhum mostra seu rosto nas *thumbnails.* Examinei, então, o canal de KSI; vários dos seus principais vídeos mostram o seu rosto no *thumbnail,* mas todos foram feitos depois de ele se tornar popular. Quando vi seus primeiros vídeos, aqueles que ajudaram a firmá-lo, apenas um dos cem primeiros mostra seu rosto no *thumbnail.*

Minha mulher é dominicana. Minhas duas filhas são jovens negras. A ideia de que, se elas criarem um canal no YouTube, as pessoas ficarão menos propensas a buscar os vídeos delas por causa da sua raça é muito preocupante. O fato de elas — ou quaisquer criadores negros — terem mais dificuldade de se estabelecer no YouTube mostra que até mesmo sistemas abertos e imparciais podem ser corrompidos por tendências ocultas.

É claro que o YouTube não está sozinho nesse desafio. A Amazon enfrentou críticas quando repórteres da Bloomberg descobriram que o seu serviço Prime de entrega no mesmo dia não estava disponível nos bairros de predominância negra. O jogo viral de realidade aumentada Pokémon GO foi criticado porque era mais fácil encontrar os Pokémon em bairros de predominância branca, com mais parques e espaços públicos, do que nos bairros de predominância negra; um legado com décadas de existência da política de segregação residencial no mundo real parece reverberar no mundo virtual.

Embora seja fácil menosprezar a ausência do Pokémon no seu bairro, há exemplos bem mais perniciosos de tendenciosidades algorítmicas. Investigadores da ProPublica descobriram que o software usado pelos tribunais para avaliar o risco de um acusado se envolver em um futuro comportamento criminoso tinha uma probabilidade quase duas vezes maior de prever incorretamente a reincidência entre os acusados negros do que entre os acusados brancos. E um grupo de pesquisadores de Harvard descobriu que os anúncios on-line para a obtenção de antecedentes criminais tinham mais probabilidade de aparecer ao lado das buscas de nomes associados a pessoas de descendência afro-americana do que das buscas de outros nomes.

Parte disso reflete a dificuldade do próprio Vale do Silício com a diversidade e a inclusão. Os afro-americanos compõem, em média, apenas cerca de 2% da força de trabalho das firmas de tecnologia, apesar de eles terem obtido mais de 4% dos diplomas concedidos em ciência da computação, de acordo com a Computing Research Association. Se não forem construídos com informações provenientes de diferentes perspectivas, os algoritmos correm o risco de refletir as tendências existentes na nossa sociedade.

Perder visualizações no YouTube pode não ter as mesmas consequências de ter seu pedido de fiança negado, mas ainda assim é lastimável por várias razões. Contraria os ideais da plataforma aberta e democrática que o YouTube se esforça para ser, plataforma em que qualquer pessoa deveria poder encontrar uma oportunidade igual para compartilhar sua voz. Mas o que talvez seja pior é que isso atrapalha a oportunidade de mudar a maneira como a indústria da mídia opera atualmente. Se você acredita que o streaming de vídeo representa uma chance única de uma geração mudar a forma como Hollywood trabalha — e se você está lendo isto, suponho que esteja aberto à ideia —, então que regra merece mais revisão do que quem pode aparecer na tela ou que histórias podem ser contadas? Com uma audiência muito mais jovem do que a da televisão, o YouTube tem a chance de criar um novo *status quo* no entretenimento enquanto simultaneamente inspira uma nova geração de criadores heterogêneos.

Sinto-me animado com a história de criadores como Franchesca Ramsey, que inicialmente batalharam para conseguir papéis de peso em Hollywood, mas cuja popularidade no YouTube ajudou a abrir portas para que participassem do Comedy Central e da MTV. E fui inspirado por Issa Rae, Donald Glover, Justin Simien e Quinta Brunson, cineastas negros que criaram séries originais para a HBO, a FX, a Netflix e o YouTube Red depois de começar no ambiente aberto do vídeo on-line.

No entanto, apesar desses sucessos, ainda temos um trabalho a fazer quando se trata de elevar vozes sub-representadas na nossa plataforma, como analisar nossos algoritmos de recomendação, aumentar a diversidade da nossa equipe e proporcionar mais recursos e oportunidades para os criadores negros. A missão do YouTube é dar voz a todos e mostrar o mundo para eles. Se os criadores negros não tiverem a mesma oportunidade que os demais, não estaremos agindo corretamente nessa missão.

7. Continue fazendo seus quilts

O forte apelo dos nichos restritos

A pequena cidade de Hamilton, no Missouri, está situada a nordeste de Kansas City, a uma hora de viagem. No dia em que a visitei, um desvio causado por uma obra me obrigou a sair da estrada interestadual e pegar uma longa estrada de terra delimitada nos dois lados por terras agrícolas. À medida que me aproximava da cidade, as propriedades agrícolas deram lugar a cenas mais íntimas da vida rural: oficinas mecânicas com tratores e carros enguiçados, uma igreja batista e uma torre branca de água que exibia o nome da cidade em ousadas letras maiúsculas azuis. Era um dia quente e chuvoso de agosto, e eu estava indo lá pelo mesmo motivo que todo mundo visita Hamilton: para conhecer Jenny Doan.

Nos últimos capítulos, tentei enfatizar algumas das semelhanças entre alguns dos nossos criadores mais populares: sua habilidade de criar e cultivar bases de fãs, sua acessibilidade e natureza genuína, e sua tendência de trazer à tona diferentes perspectivas. Mas, para quem estiver disposto a enxergar além dos principais nomes do YouTube, ainda há importantes lições para aprender.

Jenny Doan não se parece com muitos dos nomes que você encontrará neste livro. Ela não é uma millennial com milhões de seguidores e tampouco é um figurão da nova mídia. Ela é a mais improvável dos *streampunks*, uma baby boomer com sete filhos e 22 netos cujo encanto, calor humano e senso de humor ajudam a inspirar a economia de uma cidade inteira do Meio-Oeste. Jenny é a personalidade e o talento por trás da Missouri Star Quilt Company e facilmente a mais famosa fabricante de *quilts** do mundo.

A história da Missouri Star começou em 1996 em Greenfield, na Califórnia, quando a família Doan descobriu que seu filho Josh tinha um tumor na glândula linfática. O tratamento salvou a vida de Josh, mas levou a família à falência, obrigando Jenny e o marido, Ron, a procurar um lugar mais barato para criar sua grande família. Colocaram todos os seus pertences em um caminhão alugado e seguiram para o leste em direção a uma pequena cidade do Missouri, bem no meio dos Estados Unidos. Sua única ligação com a cidade era o fato de os pais de Jenny certa vez a terem visitado.

*O *quilt* é uma colcha feita com um enchimento macio, contido dentro de duas camadas de tecido, geralmente com um padrão ornamental, e firmado por meio de linhas de costura tipicamente aplicadas com um design decorativo. Ele é tradicional nos Estados Unidos desde a época colonial, quando era feito, principalmente, com retalhos, o conhecido *patchwork*, ou colcha de retalhos. (*N. da T.*)

Hamilton se revelou bastante adequada para a família, e eles conseguiram criar os filhos com o salário de operador de máquina de Ron no jornal local. No entanto, em 2008, a crise financeira secara a poupança que a família tinha guardado para a aposentadoria e o emprego de Ron parecia estar com os dias contados; a oficina da empresa tinha reduzido a equipe de 25 para cinco funcionários. Foi durante esse difícil período que os filhos Al e Sarah decidiram criar uma espécie de plano de aposentadoria para os pais. Eles pegaram um empréstimo de US$36 mil e compraram para sua mãe uma máquina de confeccionar *quilts* de braço longo para que ela pudesse se dedicar ao seu hobby favorito e fabricar *quilts* para a comunidade local. Eles pegaram mais US$24 mil emprestados para comprar um velho showroom de automóveis, grande o bastante para abrigar a máquina. Assim começou a Missouri Star Quilt Company.

No início, o negócio foi lento. Somente três semanas depois de ter aberto a loja, Jenny fez sua primeira venda, para a sobrinha. Ao finalmente completar sete vendas, a família fez uma festa e Sarah embrulhou os pedidos com embalagem de presente.

Alguns meses depois, Al sugeriu que sua mãe fizesse um pouco de marketing para gerar interesse pelo negócio. Ele perguntou se ela estaria interessada em filmar tutoriais sobre *quilts* e postá-los no YouTube. "Claro", respondeu Jenny. "Mas o que é um tutorial?" Naquela ocasião, ela nunca tinha nem visitado o YouTube.

Depois de Al dar algumas explicações, ela iniciou sua carreira de vídeos on-line. Seus primeiros vídeos foram tutoriais diretos e objetivos, uma única câmera apontando para Jenny enquanto ela, sem rodeios, explica como montar *quilts* básicos. A câmera é instável, e é possível ouvir seus netos brincando em segundo plano. Mas mesmo nesses primeiros vídeos podemos ter vislumbres do calor humano e do conhecimento de Jenny que poderiam prognosticar um futuro de sucesso. Ela começa cada vídeo com um largo sorriso, com uma voz clara e confiante enquanto explica os diferentes cortes e pontos que faz. E fala sistematicamente a respeito de como um hobby que parece intimidante pode ser fácil.

Somente mais tarde, Al me contou como esses primeiros vídeos foram feitos, filmados na sua câmera digital miniatura Canon PowerShot ELPH. Quando Jenny queria uma tomada por cima da cabeça para mostrar às pessoas o que estava fazendo com o tecido, Al, que tem mais de dois metros de altura, literalmente se debruçava sobre a mesa onde ela estava trabalhando e dobrava o corpo para filmar a sequência. Eram os filhos de Sarah, a irmã de Al, que estavam correndo em segundo plano porque a loja de *quilts* também funcionava como creche para eles. Al, que era consultor de tecnologia durante o dia, trabalhava muitas horas, e depois ficava acordado até tarde editando os vídeos com o Windows Movie Maker.

À medida que os tutoriais evoluíram ao longo dos meses, foi possível ver uma parte maior da personalidade de Jenny se tornar mais evidente. Ela conta histórias sobre sua família e ri de si mesma, quando comete um erro. Em determinado vídeo, ela pede ao marido, Ron, que a ajude a mostrar um *quilt*. "É bom ter um marido alto quando precisamos desse tipo de coisa", diz ela. O rosto dele, escondido atrás do *quilt*, não aparece, mas uma legenda no vídeo diz o seguinte: "Juro que o Ron está atrás do *quilt*, mas ele é bonito demais para que eu o compartilhe com o mundo!"

Certo dia, alguém telefonou e disse que queria encomendar o tecido que Jenny estava usando em um dos seus tutoriais. "Ah, não estamos vendendo esse tecido", respondeu ela à pessoa que estava no telefone. "Ele está em uma caixa debaixo da minha cama há 17 anos. Estou apenas demonstrando como fazer um *quilt*!" Mas o telefonema fez com que ela repensasse aquela estratégia, e logo a loja começou a estocar os tecidos que apareciam nos vídeos enquanto as vendas começaram a crescer. Ela ganhou dinheiro suficiente no primeiro ano para pagar o empréstimo feito para a compra da máquina de confeccionar *quilts*, embora ninguém na família estivesse recebendo um salário naquela ocasião.

Mesmo durante aqueles primeiros anos magros, coisas curiosas começaram a acontecer. Pessoas de fora da cidade começaram a aparecer na porta da loja de *quilts*, depois de assistir aos vídeos de Jenny no YouTube. Uma mulher veio de Nova York, e depois outra, da Cidade do México. "Estávamos muito surpresos por constatar que as pessoas estavam assistindo aos vídeos", comentou Jenny.

As visitas espontâneas se tornaram mais frequentes. Quando a família Doan começou a filmar seus tutoriais, ninguém se dava ao trabalho de fechar a loja, porque nunca tinham tido compradores no local. Mas com o tempo, *quilters* curiosos, vindos dos mais diferentes lugares, começaram a aparecer, de repente, com mais frequência, interrompendo as filmagens.

Cartas dos fãs também passaram a chegar. Jenny começou a receber cartas de pessoas incapacitadas, que estavam aprendendo a fazer *quilts* com seus vídeos. Pessoas que estavam presas a cadeiras de rodas estavam encontrando on-line um novo hobby empoderador. "A vida delas estava mudando porque tiveram essa oportunidade e um escoadouro criativo que nunca haviam tido antes", me disse ela.

Já em 2011, o canal tinha cruzado a marca de 25 mil assinantes e, de repente, a Missouri Star estourou tanto em atenção quanto vendas. Pessoas de locais ainda mais distantes passaram a visitá-la, da Inglaterra, de Israel, da África do Sul e da Austrália. Uma mulher do México passou a visitá-la todos os anos com o marido para celebrar o aniversário de casamento.

Os vídeos de Jenny não tinham se tornado exatamente virais, mas se conectaram com um público incrivelmente entusiasmado, espalhado por muitos países e várias gerações. As pessoas podiam assistir aos seus tutoriais no YouTube, comprar o tecido na loja on-line e, em muitos casos, fazer uma peregrinação a Hamilton. No final do terceiro ano, a Missouri Star Quilt Company tinha produzido uma receita bruta de mais de US$1 milhão.

Esse marco histórico levou Al a pedir demissão do seu emprego de consultoria a fim de administrar em tempo integral o crescimento da empresa. Uma das prioridades da família era sair da pequena loja de *quilts* para poder proporcionar aos visitantes uma experiência mais cativante. Eles tinham opções. A Grande Recessão havia devastado Hamilton, deixando a maioria dos prédios na sua rua principal fechados com tábuas ou abandonados. Em 2011, a cidade contava com apenas dois antiquários, um supermercado, uma loja Subway e dois postos de gasolina.*

A família comprou seu primeiro prédio, restaurou-o com as próprias mãos e o dedicou exclusivamente à venda de

*"E o Subway ficava em um dos postos de gasolina!", me disse Jenny. (*N. do A.*)

tecidos para *quilts* similares aos da época da Guerra Civil, o material que eles mais tinham em estoque. Em pouco tempo, eles acumularam mais tecidos do que seus dois prédios eram capazes de armazenar, e resolveram abrir outra loja, essa para tecidos sazonais. Logo abriram também outra para tecidos florais, outra para tecidos modernos e outra ainda, para vender máquinas de costura e equipamento.

Quando visitei a empresa, em 2016, a Missouri Star Quilt Company operava 17 lojas térreas com vitrine em Hamilton ao longo da North Davis Street, a rua principal que forma o coração da cidade. Elas incluíam uma hamburgueria, uma padaria e confeitaria, um restaurante do tipo da fazenda para a mesa,* e um centro de costura que promove cinquenta retiros de confecção de *quilts* por ano com uma semana de duração. Talvez a loja mais engenhosa seja a Man's Land, um grande prédio repleto de poltronas de couro que reclinam, pisos de madeira escura e as televisões sintonizadas na ESPN para que os maridos tenham um lugar para passar o tempo enquanto as esposas fazem compras.** Durante minha visita, carros se enfileiravam nas ruas, com placas de Iowa, Texas, Illinois e até mesmo um da Flórida. A rua parecia bucólica; havia rosas plantadas ao longo da calçada e grandes murais de *quilts* pintados nas laterais de algumas lojas da empresa.

Depois da minha visita, decidi ver o efeito do tempo sobre a cidade por meio da ferramenta do Google Street View.

---

*O restaurante se chama Blue Sage. Recomendo o hambúrger de cordeiro, embora Al prefira o sanduíche de pastrami. *(N. do A.)*

**"As lojas normais de *quilts* têm um banco do lado de fora e um esqueleto sentado nele com uma placa que diz 'Estou apenas esperando pela minha mulher'", me disse Jenny. *(N. do A.)*

O contraste foi chocante. Em 2009, Hamilton parecia uma cidade-fantasma e a North Davis Street estava repleta de prédios danificados. Vários deles estavam abandonados, e ervas daninhas saíam pelas rachaduras na calçada. O único sinal de vida era um agricultor vendendo hortaliças na parte de trás do caminhão, mas, de resto, havia poucos carros à vista.

Avançando para 2016, é possível ver trabalhadores da construção civil se estendendo pelos dois lados da rua, ocupados construindo novas calçadas elevadas. Em uma das visualizações, você verá um quarteirão inteiro com seis prédios de dois andares. Em 2009, todas as janelas do segundo andar desses prédios estavam fechadas com tábuas. Já em 2016, cada uma das janelas tem uma placa com as palavras "MISSOURI*STAR*QUILT*CO" e cada um dos prédios estava aberto para o público. Até mesmo nas fotos, a cidade tem a aparência de uma coisa viva.

Em uma cidade com 1.800 habitantes, a Missouri Star emprega hoje mais de quatrocentas pessoas, entre elas trabalhadores da construção civil em tempo integral que estão ocupados reformando ainda mais prédios em Hamilton. Isso torna a empresa o maior empregador no condado e a maior vendedora de tecidos para confecção de *quilts* do mundo, atendendo a 5 mil pedidos por dia — quase 2 milhões por ano. Os visitantes ainda aparecem aleatoriamente, mas agora a maioria vem em grupos coordenados, com ônibus cheios de entusiastas pela confecção de *quilts* desembarcando em Hamilton quase todos os dias. Em 2015, mais de 100 mil pessoas visitaram a cidade, uma proporção surpreendentemente elevada dos quase 400 mil assinantes da empresa no YouTube.

E ainda há espaço para crescimento.

Quando entrei na loja principal da Missouri Star Quilt Company, a primeira coisa que eu vi foi o largo sorriso de Jenny Doan. Os tutoriais dela passavam em televisões de tela plana entre estandes de tecidos para *quilts* iluminados por lustres industriais de meados do século. Repetidamente, vi a justaposição do velho e do novo, enquanto um hobby consagrado era comercializado e vendido com um eficiente componente tecnológico. Mais para dentro da loja, vários iPads estavam configurados para que os clientes consultassem o estoque da empresa. Mais tarde nesse mesmo dia, quando comprei algumas lembrancinhas para levar para casa, uma simpática jovem pediu meu endereço de e-mail.

Enquanto eu esperava por Al, uma mulher ruiva elegantemente vestida com um vestido turquesa se aproximou de mim um pouco indecisa e perguntou: "Olá, você está procurando algo em particular?" É claro que ela estava confusa. Eu era o único homem na loja e, com exceção dos vendedores, a única pessoa com menos de 50 anos; devo ter dado a impressão de estar completamente deslocado. Quando expliquei por que eu estava ali, a mulher me conduziu pela loja, apresentando-me os diversos mostruários. No meio da loja estava o mais recente acréscimo: roupas com o logotipo da empresa e camisas com os dizeres "I Love Jenny".

"Elas não param nas prateleiras", explicou a vendedora.

Alguns minutos depois, Al chegou com um humor loquaz, animado para falar a respeito do que sua família estava construindo em Hamilton. Ele usava uma camiseta azul e tinha uma barba castanho-avermelhada alguns tons mais claros do que o cabelo e uma postura firme que combinava com sua elevada estatura. Em comparação com outros CEOs, ele parecia muito mais um executivo da área tecnológica do que do varejo, mas bom em esportes e atento tanto para ATVs quanto para drones. Ele tinha claramente a natureza acolhedora de uma pessoa do Meio-Oeste, mas era possível sentir sua criação californiana por sua atitude descontraída e sua paixão pelo marketing digital.

Quando lhe perguntei a respeito da lista de e-mail à qual eu acabara de ser incluído na loja, ele me explicou que a Missouri Star tinha uma taxa de abertura de 70% nos seus e-mails diários, "o que é uma loucura!"* Ele explicou que esse envolvimento era um reflexo do cuidado da família com cada oportunidade de interação com seus clientes. "Em vez de dizer: 'Obrigado pelo seu pedido', a ideia é fazer o cliente se divertir", me disse ele. Se você for um cliente da Missouri Star, poderá receber um e-mail com uma história engraçada a respeito de como uma banda marcial pegou seu pedido no depósito e está agora marchando em direção à sua porta.

Al me conduziu pelas diferentes lojas, mostrando-me como o mundo dos tecidos para *quilts* pode se tornar específico. "Esta é nossa loja de novidades, com os tecidos Angry Birds e *Star Wars*", disse ele enquanto percorríamos o local. "Se seu filho adora bicicletas, nós vamos ter isso em estoque aqui."

Também passeamos pela Man's Land, onde um homem idoso estava jogando paciência no seu iPad enquanto assistia aos melhores momentos de um jogo do Alabama contra o

*De fato, isso é uma loucura! A taxa de abertura típica do marketing por e-mail é de apenas 22,17%, segundo a emfluence, uma empresa de consultoria de marketing por e-mail. *(N. do A.)*

Clemson. A partir dali, pegamos um elevador para a loja Kids and Baby, junto com duas senhoras de Salt Lake City que reconheceram Al por suas breves aparições nos primeiros vídeos de Jenny.

"Você é o filho!", exclamou uma delas, encantada.

"Exato, sou o garoto nerd no computador", admitiu Al enquanto digitava em um teclado imaginário.

"Estamos muito animadas; vamos conhecer sua mãe esta noite!", elas comentaram.

"Sim, claro, vocês estão na cidade para o stand-up da minha mãe, certo?", perguntou ele. Jenny ia apresentar um tutorial aquela noite na cidade.

"Isso mesmo, viemos passar três dias e estamos apenas nos aquecendo!" As portas do elevador se abriram, e as senhoras agradeceram a ele.

Menos de um minuto depois, outra mulher nos parou, esta de meia-idade com longos cabelos castanhos. Ela parecia nervosa ao se aproximar de Al e perguntou se ele era filho de Jenny. Al repetiu o que dissera antes a respeito de ser o nerd do computador. Mas a mulher não riu da piada. Em vez disso, ela explicou que sua ida a Hamilton tinha sido um presente de aniversário de seu marido para ela e uma amiga. As duas eram da Virginia e tinham viajado até lá de carro. Ela não estava empolgada por conhecer Al, como estavam as outras duas clientes; estava genuinamente comovida.

"Quero apenas lhe agradecer", disse ela. "O que vocês têm aqui é simplesmente fenomenal." Sua voz embargou, e parecia que seus olhos iam se encher de lágrimas. Ela olhou para Al, mas não sabia bem o que dizer, incapaz de expressar o quanto tudo aquilo — os vídeos de Jenny, estar em Hamilton naquele dia, conhecer Al — significava para ela.

"Bem, obrigado, foi um prazer conhecê-la", disse Al enquanto sorria e apertava a mão dela. Não ficou claro para mim se ele sabia exatamente o que dizer.

Terminamos nossa visita aos prédios, que incluiu alguns novos projetos de construção da empresa, atravessamos a rua e nos encaminhamos para uma pequena casa que era o local da loja de *quilts* original. Foi lá que conheci pessoalmente Jenny, sentada atrás de uma mesa de costura alta coberta por vários retalhos. "Sou uma criadora bagunceira", disse ela, enquanto se desculpava pela desordem. Ela usava um suéter preto de gola canoa, e o cabelo louro e curto estava partido de lado, como costuma estar em quase todos os seus vídeos. Atrás dela, estava pendurado um grande *quilt* escuro de retalhos confeccionado em 1894 que uma mulher da região lhe dera de presente. "Ela o trouxe até aqui e disse: 'Não tenho utilidade para isto, você está interessada?' É claro que eu quase desmaiei", me disse ela.

Jenny começou nossa conversa falando da sua experiência com a confecção de *quilts* quando criança. Ela parecia determinada a costurar até mesmo antes de saber como, cortando pedaços das roupas da sua mãe e grampeando-os — "Isso só aconteceu duas vezes", disse ela — até que sua família a matriculou no 4-H* para que ela aprendesse for-

*A 4-H é uma organização norte-americana que oferece muitas oportunidades para crianças e adolescentes de 5 a 19 anos. As atividades incluem fazer novos amigos, aprender novas habilidades, experimentar a liderança, contribuir para a comunidade e muitas outras coisas. Os quatro "H" de 4-H representam "Head" (cabeça), "Heart" (coração), "Hands" (mãos) e "Health" (saúde). (*N. da T.*)

malmente. Mais tarde, ela produziu musicais, confeccionando os trajes para os diversos papéis. Foi somente mais tarde que começou a procurar projetos mais ambiciosos e descobriu seu amor pela confecção de *quilts*.

Ela descreveu como demorara para que o canal da empresa se popularizasse. Seus filhos iniciaram debates simulados em fóruns de confecção de *quilts* a fim de conduzir tráfego para seu canal. "As pessoas de 70 anos não passavam o tempo assistindo a vídeos no YouTube", disse ela. "Elas queriam DVDs de tudo! Mas Al disse: 'Mamãe, sempre que o Walmart coloca algo dentro de uma caixa na frente da loja por US$5, nós sabemos que ele vai ser vendido.' Portanto, tivemos que acompanhar o streaming."

Perguntei por que ela achava que se daria bem com a comunidade de confecção de *quilts*. "Tornei as coisas fáceis para eles", disse ela. "Há uma parte completamente elitista na confecção de *quilts* na qual tudo precisa ser perfeito. Meu mantra é o seguinte: 'Terminado é melhor do que perfeito. Você não precisa ser tão bom quanto ninguém, e se você costurar uma hora hoje, tudo é apenas prática. Amanhã você estará uma hora melhor do que estava. Não faço *quilts* porque sou perfeita, faço *quilts* porque quero dar coisas para as pessoas que eu amo."

Em outras palavras, Jenny acreditava que tornara a arte acessível; uma Julia Child da confecção de *quilts*. Ela criara tutoriais para uma comunidade formada basicamente por mães e avós que não tinham um lugar especial para o qual se voltar. Mas ela também estava ampliando essa comunidade, trazendo outros que poderiam ter se sentido intimidados pelo hobby. Entres eles estava uma geração mais jovem que confecciona *quilts* — pessoas com piercings e tatuagens — mas também homens, que podiam acompanhar on-line mesmo que se sentissem envergonhados demais para entrar em uma loja de *quilts*. Ela também mencionou as primeiras cartas que recebeu de pessoas deficientes, cujas cadeiras de rodas não passavam pelos corredores das lojas de artesanato, mas que podiam aprender a técnica no YouTube e comprar o material on-line.

Jenny explicou que, além de filmar tutoriais todas as semanas, ela está sempre viajando para apresentar tutoriais ao vivo em *trunk shows* de confecção de *quilts*. Os shows, que podem durar até duas horas e meia, atraem centenas de convidados pagantes, a maioria dos quais espera em uma fila para falar com ela depois do show. Ela me contou, então, a história de uma mulher que tinha esperado para falar com ela depois de um desses shows. "Nunca sonhei que eu pudesse fazer algo assim", disse ela a Jenny, "mas você disse: 'Você pode fazer isso', e eu acreditei em você." A mulher pegou na bolsa um pequeno *quilt* que fizera. Foi aí que Jenny percebeu que ela tinha próteses nos dois braços porque havia perdido ambas as mãos.

Jenny me contou outra história — uma que eu jamais esquecerei — de um homem idoso que parecera deslocado em um dos seus *trunk shows*. Depois do show, ele esperou mais de uma hora na fila para falar com ela. Quando ele finalmente chegou à mesa onde estava, começou a contar sobre a esposa, que era uma grande fã de Jenny mas estava sofrendo da doença de Alzheimer. Quando ele descobriu que a Missouri Star estava vendendo um baralho de cartas sob encomenda com os *quilts* de Jenny impressos nelas, ele comprou um para a esposa, que passava a maior parte do dia embaralhando cartas.

Depois de ganhar o baralho, sua esposa começou a embaralhar as cartas no seu ritmo habitual. No entanto, quando os *quilts* captaram sua atenção, ela diminuiu o ritmo, reconhecendo os designs de diferentes tutoriais a que tinha assistido. Quando chegou ao coringa, no qual estava impresso o rosto de Jenny, ela parou, levantou os olhos para o marido e disse: "É Jenny." Essas foram as primeiras palavras que a mulher tinha falado em quatro anos.

O homem soluçava, agradecendo a Jenny pelo que ela tinha feito. "Saber, mesmo que por um momento, que ela ainda está aqui...", disse ele, antes que sua voz se interrompesse.

Jenny começou a ficar com lágrimas nos olhos enquanto acabava de me contar a história. "Quer dizer, quem está preparado para esse tipo de coisa?", perguntou. "Quem acha que ensinando como juntar quatro blocos de *quilt* pode fazer alguém tão feliz?"

Ela fez uma pausa de um segundo e disse: "Mas, ao criar, você se cura. E depois você pode seguir adiante e abençoar a vida de outras pessoas. Você pode encher sua casa, a casa dos seus filhos e casa dos seus netos. Você pode começar a fazer fronhas para hospitais ou *quilts* para crianças adotadas, para os Wounded Warriors e para as Unidades de Tratamento Intensivo Pré-Natal. Quer dizer, o que está acontecendo no mundo da confecção de *quilts* é simplesmente incrível."

Coisas incríveis também estão acontecendo em outros mundos. A história de Jenny é extraordinária porque demonstra como a paixão de uma pessoa tem o potencial de impactar tantas outras. Mas também mostra uma das mais cativantes possibilidades do vídeo on-line: a oportunidade de criar um conteúdo capaz de agradar a qualquer interesse.

Quando começou, o YouTube tinha um slogan brilhante: "Transmita-se." Esse slogan ajudou a inspirar milhões de pessoas a voltar suas câmeras para si mesmas e filmar suas perspectivas e seus mundos. O YouTube era um lugar diversificado e extravagante no início. Nunca se sabia o que poderia aparecer na página inicial, e a oportunidade para acasos felizes era enorme.

Mas naquela concorrência sem restrições, cada vídeo do YouTube competia pela nossa atenção. E, exatamente como em qualquer ecossistema, a competição exercia uma pressão sutil sobre os habitantes para que ocupassem nichos mais específicos.

O apelo de algumas das categorias do YouTube, como esporte, música ou filmes, é incrivelmente amplo e óbvio. Mas um número bem maior das nossas categorias de conteúdo é incrivelmente restrito, como canais dedicados à técnica de escultura em sabonetes,* à visão da cabine de pilotagem dos aviões ou aos sons agradáveis de uma lareira crepitante. Teses completas de dourado poderiam ser redigidas a respeito dessas ramificações aleatórias da árvore genealógica do YouTube e do que leva as pessoas a assistirem, por exemplo, a algo novo sendo esmagado em uma prensa hidráulica todas as semanas.**

---

*Dê uma olhada nos incríveis designs no canal japonês do YouTube *mizutama soap*. *(N. do A.)*

**Existem até rumores — que nunca vou confirmar ou negar — de uma planilha que circula pelo YouTube com uma lista de fetiches obscuros não proibidos no site, como vídeos de pessoas lambendo estátuas ou sendo atingidas por tortas no rosto. *(N. do A.)*

Para mim, esses nichos altamente específicos representam a beleza esotérica e arcana da natureza humana. Nossos interesses são tão diversos quanto a nossa imaginação, não havendo qualquer lógica no que desperta nossa curiosidade. Os aspectos econômicos do vídeo on-line — o custo de criação e distribuição mais barato — concedem a quase todo mundo a oportunidade de criar um conteúdo baseado na paixão singular da pessoa. E, com o potencial de atingir 1,5 bilhão de pessoas, um conteúdo que você presumiria ter uma atratividade limitada pode, na verdade, encontrar uma audiência bem grande.

À medida que o YouTube evolui, estamos deixando a era do "Transmita-se" e entrando na era do "Tenha seu próprio canal". Qualquer pessoa pode encontrar na plataforma um conteúdo relacionado com suas inclinações específicas. À medida que nossos algoritmos se tornam mais capazes de compreender a história das suas visualizações e adivinhar seus interesses, conseguimos criar recomendações individualmente adaptadas, fazendo com que a tela inicial de todos no YouTube pareça inteiramente diferente e completamente pessoal.

No entanto, embora os nichos mais esotéricos do YouTube possam ser extremamente fascinantes, as categorias mais bem-sucedidas tendem a estar organizadas em volta de interesses relativamente populares mas que os espectadores têm dificuldade em satisfazer por meio de outros tipos de mídia.

Talvez o melhor exemplo disso sejam os videogames. Impulsionados pelo crescimento dos jogos em dispositivos móveis, eles se tornaram uma indústria de quase US$100 bilhões. Por exemplo, no mês do seu lançamento, *Grand*

Theft Auto V superou em vendas todos os discos lançados pela indústria global da música *combinados* em todo o ano de 2013. As vendas do jogo desde o seu primeiro *dia* de lançamento equivaleram ao dobro da receita do maior filme daquele ano, *Homem de Ferro 3*.

Independente de parâmetro, os jogos são um gênero de entretenimento espetacularmente popular. No entanto, ele não conseguiu encontrar um ponto de apoio na televisão. A última rede de televisão dedicada aos jogos foi a G4, que a NBCUniversal fechou em 2012 após anos de baixas estatísticas de audiência. As competições eSports começaram a aparecer na ESPN (que fez uma contraprogramação do Super Bowl LI com uma competição da FIFA 17) e na TBS, mas sua exposição não chega nem aos pés do que vemos on-line.

No YouTube, a visualização de jogos é gigantesca. É uma das nossas maiores categorias de conteúdo, responsável por bilhões de horas de visualização a cada mês. Vários dos nossos principais criadores, como elrubius na Espanha, Fernanfloo em El Salvador e EeOneGuy na Rússia, começaram filmando a si mesmos jogando com múltiplos jogadores.*

A pergunta que sempre me fazem a respeito dos jogos é por que alguém perderia tempo assistindo a outra pessoa jogar um videogame. Parte da visualização é instrutiva: pessoas que querem saber como derrotar um determinado *boss* ou decifrar um enigma frustrante podem assistir a uma orientação on-line. Parte disso é curiosidade: os jogos ainda

---

*Embora hospedar canais com o próprio nome no YouTube seja extremamente comum, os jogadores de videogames são quase exclusivamente identificados pelos nomes de usuários que utilizam para jogar com múltiplos jogadores. *(N. do A.)*

são caros, custando, não raro, mais de US$50 cada um, e tanto os potenciais compradores quanto aqueles que não têm condições de comprar novos jogos querem dar uma olhada. Parte é semelhante ao atletismo, com os fãs querendo assistir a alguns dos melhores jogadores do mundo competindo em um determinado jogo; o eSports atrai quase um quarto de bilhão de fãs por ano e é o esporte que mais ganha espectadores no mundo.

Mas a principal razão pela qual os videogames são esse fenômeno no YouTube é o fato de a personalidade dos nossos criadores transparecer claramente durante o jogo, transformando algo aparentemente passivo em um entretenimento ativo e envolvente. E esses criadores também expandiram seus canais e incluíram esquetes de comédia, vlogs e streaming ao vivo, personalizando ainda mais seus canais.

Há também uma série de criadores que conseguiram aproveitar sua paixão pelos jogos para criar um conteúdo complementar. Rosanna Pansino iniciou um canal chamado Nerdy Nummies para combinar seu amor por preparar coisas no forno com videogames; seu vídeo de cupcake de Angry Birds tem mais de 20 milhões de visualizações. A série *Video Game High School*, de RocketJump, é um drama a respeito de jogadores de videogames competitivos que arrecadaram quase US$900 mil em recursos financeiros no Indiegogo. E Matthew Patrick (vulgo "MatPat") atraiu 7 milhões de assinantes para o canal The Game Theorists, que explica como os videogames funcionariam se estivessem sujeitos à física do mundo real em vídeos como "The Science of *Sonic the Hedgehog*" ("Sonic e a ciência", em tradução livre).

Na realidade, o conteúdo educacional de todos os tipos — relacionados ou não com videogames — é uma categoria em rápida expansão do vídeo on-line. Embora os jornalistas redijam artigos ferinos em que chamam o YouTube de "o lar dos vídeos de gatos", os vídeos educacionais e com dicas práticas geram cinco vezes mais tempo de tela do que os vídeos centrados em animais.*

Esses vídeos educacionais incluem explicações extremamente detalhadas a respeito do bóson de Higgs, e também instruções sobre como substituir um carburador em um Lada Riva soviético, o primeiro carro que eu dirigi. Quando pergunto a pessoas mais velhas como elas usam o YouTube, elas frequentemente respondem que o utilizam para aprender a consertar algo em casa ou aprender a instalar um aparelho. À sua maneira, o YouTube funciona como uma Wikipédia para assuntos práticos, mostrando às pessoas como montar mobília da Ikea ou cultivar seu jardim de ervas em ambiente fechado. E não estou falando apenas de pessoas que estão solucionando suas necessidades imediatas; além dos milhões de pessoas que aprenderam a tocar guitarra ou a criar sua própria mobília assistindo a tutoriais, o lançador de dardo que ganhou a medalha de prata nas Olimpíadas de 2016 no Rio, Julius Yego, aprendeu sozinho a lançar dardos assistindo a vídeos no YouTube.

Quando perguntei a Hank Green por que ele achava que o conteúdo educacional nunca tinha alcançado muito sucesso na televisão mas se destaca no YouTube, ele assinalou que o vídeo on-line "pode parecer mais barato mas não dar a sensação de ser mais barato.

*Embora "How to Draw Grumpy Cat" ["Como desenhar o Grumpy Cat", em tradução livre] provavelmente seja contado duas vezes. *(N. do A.)*

"Se colocassem o *SciShow* na televisão, você perguntaria: 'Cadê o cenário? Cadê as piadas?'", disse ele. "On-line, as coisas podem custar menos sem que as pessoas se queixem disso."

Ele também mencionou a duração do vídeo. No YouTube, um vídeo educacional pode ter qualquer duração, pois as pessoas podem se mostrar mais abertas a assistir a segmentos de três minutos do que a trinta minutos ininterruptos. "E o que você vai fazer com um vídeo de dois minutos de duração sobre física na televisão? Comprimi-lo entre os anúncios?"

A disponibilidade imediata e a facilidade de acesso também são fundamentais. "Se uma pessoa está estudando o sistema respiratório neste momento, ela precisa de um vídeo sobre o sistema respiratório agora. Ela tem um teste amanhã e não poderá esperar que o programa vá ao ar na televisão."

Isso confere ao vídeo on-line uma imensa vantagem sobre os canais educativos e instrutivos. A Food Netwowrk, a HGTV e o History Channel podem ser extremamente interessantes e grandes fontes de inspiração. Mas, na maior parte do tempo, quando estamos cozinhando, reformando ou ajudando nossos filhos com a matéria de história, precisamos da informação naquele momento. Quando os cupcakes acabam em um evento de venda de bolos da sua filha e você precisa de uma receita para ontem, Rosanna Pansino provavelmente será muito mais útil do que Guy Fieri.*

A capacidade de atender, na hora, às necessidades de informação de uma pessoa me dá a impressão de que o conteúdo instrutivo on-line tem um futuro muito mais saudável

---

*Na realidade, isso deve ser verdade na maioria dos casos. *(N. do A.)*

do que o televisionado. E o relacionamento interativo entre criadores e fãs significa que, mesmo que você não encontre um vídeo para um interesse específico, é possível solicitá-lo nos comentários (eu lhe desejo boa sorte caso você tente fazer isso na televisão).

Quanto mais você olha para as categorias de conteúdo customizadas e bem-sucedidas no YouTube, como a de videogames, culinária ou reforma da casa, mais você vê algo que se parece com uma banca de revistas com bastante variedade. Publicações como *Architectural Digest, Modern Farmer* e *Field and Stream* têm seus equivalentes on-line. Se você quiser começar o próximo grande canal do YouTube, talvez valha a pena dedicar algum tempo à pesquisa dos interesses que conseguem se sustentar no formato impresso mas que ainda não tiveram sucesso on-line.

A comparação com as revistas é especialmente apropriada quando se trata de beleza e moda. Antes do YouTube, se você quisesse aprender a fazer um olho esfumado perfeito ou saber quais as últimas tendências da moda para o outono, você basicamente tinha que se contentar com a sua assinatura das revistas *Seventeen* ou *Vogue*, que só mostravam fotos e texto.*

Hoje em dia, você pode obter essa informação por intermédio da esplêndida fidelidade do vídeo, retransmitida por alguém da sua raça ou classificação étnica, com um tipo de corpo e penteado semelhante, no seu idioma. Você pode ouvir as palavras de uma pessoa que, ao contrário das fotos das revistas, não foi corrigida no Photoshop e é capaz de admitir suas imperfeições, e cuja personalidade torna as coisas bem menos intimidantes do que as páginas da revista.

*Minhas filhas me ajudaram com esta frase. *(N. do A.)*

E, assim como os gamers são populares ao redor do mundo, cada país parece ter sua principal blogger de beleza, como Yuya no México (a criadora mais popular do YouTube), Bianca Heinicke na Alemanha e Da Sol Lee na Coreia do Sul.

Quando falei com Hank a respeito do apelo do conteúdo de nicho no YouTube, ele salientou outro vínculo entre beleza e videogames. "Ambos são coisas que exaltamos, mas das quais nos envergonhamos um pouco enquanto sociedade mais ampla", disse ele. "Não queremos que as jovens pensem demais na sua aparência, só que esse é o único feedback que elas jamais obtêm da sociedade. Você provavelmente não jogaria videogames o tempo todo, mas também..." e aqui ele se reclinou e exclamou: "ARMAS, VIOLÊNCIA E EXPLOSÕES!"

Dessa maneira, sugeriu ele, o YouTube é como uma válvula de escape psíquica para os sinais dissonantes enviados pela sociedade. Na condição de mulher, você enfrenta a pressão de parecer refinada e maquiada, mesmo que seja superficial se importar com isso. Na condição de homem, você precisa exibir sua masculinidade, mas realmente, você pode, por favor, desligar esse videogame violento?

Depois que minha conversa com Jenny terminou, pedi que Al me levasse para visitar o depósito da Missouri Star, onde são executados aqueles 5 mil pedidos diários. Percorremos de carro, na direção sul, a distância de mais ou menos 1,5 quilômetro entre as lojas da empresa e uma vasta extensão de terra atrás de um posto de gasolina Conoco. No lote, erguia-se um depósito com 4 mil metros quadrados feito de alumínio branco ondulado, mais ou menos no tamanho de um supermercado. Atrás, situava-se um canteiro de obras ainda maior. O primeiro depósito, que deveria ficar com a família "até que todos morrêssemos", disse Al, durara apenas um ano. Era impossível prever quanto tempo duraria o novo depósito, com quase 10 mil metros quadrados, que eles estavam construindo.

Entramos no depósito, e o teto alto, a imensa área e a luz fraca faziam com que ele parecesse um Home Depot. Al cumprimentou vários trabalhadores, dirigindo-se à maioria deles pelo primeiro nome. Todos ficaram felizes ao vê-lo, embora aparentemente também um pouco surpresos, como se ele tivesse passado várias semanas sem aparecer. Tomei isso como um indício de que tudo estava correndo bem.

Ele me mostrou como os pedidos chegavam, como o tecido pertinente era encontrado, cortado e embrulhado, como eles eram agrupados em caixas e transportados através das instalações para serem empacotados e posteriormente expedidos. Os tecidos mais populares estavam arrumados perto dos cortadores visando velocidade e eficiência. Perguntei se ele havia contratado consultores de logística ou especialistas em eficiência para projetar o depósito. Eu deveria estar preparado para sua resposta, mas não estava.

"Não, na verdade eu aprendi como construir este depósito assistindo a vídeos da Amazon no YouTube." Ele assistiu a vídeos sobre os centros de execução de pedidos, com pausas para fazer anotações a respeito de como as coisas eram organizadas. Al pareceu um pouco constrangido. "Não quero dar a impressão de estar me vangloriando, mas é verdade, eu apenas assisti a vídeos sobre o assunto." Um negócio baseado em vídeos de instrução usando vídeos de instrução para desenvolver seu negócio; era quase perfeito demais.

Antes de a Missouri Star abrir em Hamilton, o que havia de mais famoso na cidade era o fato de ela ser a terra natal de James Cash Penney Jr., o fundador da rede de lojas de departamentos que tem o seu nome. Para comemorar o lugar onde nasceu, ele inaugurou a quingentésima loja JCPenney na North Davis Road no centro de Hamilton em 1924. O local fechou muito antes de Jenny ter fundado a Missouri Star, porém, quando a família comprou o prédio para criar uma loja para seus tecidos pesados, eles o chamaram de Penney's Quilt Shop, em uma demonstração de respeito. Uma placa em reconhecimento a ele está pendurada nas paredes de tijolos da loja.

Depois de falar com Al e ouvir suas ideias sobre mais uma expansão do negócio, comecei a pensar nessa coincidência histórica. Ele mencionou que a empresa está planejando entrar em outras áreas, como tricô e artesanato, usando a mesma combinação de serviço ao cliente, suporte tecnológico e marketing social que tem sido tão proveitoso para o negócio de confecção de *quilts*.

"A confecção de *quilts* era essa indústria esquecida na qual ingressamos e que tratamos realmente muito, muito bem", disse ele. "O fato de ela estar concentrada em uma área muito restrita possibilitou que construíssemos esta identidade e nos conectássemos com as pessoas... Estamos dispostos a realmente aprofundar-nos e conquistar essa autenticidade com a nossa audiência. É isso que a maioria das empresas não consegue fazer."

No carro, enquanto voltava para Kansas City, não pude deixar de pensar em como deveria ter sido visitar

Bentonville, no Arkansas, o lar do Walmart, no início da década de 1960. Seria a Missouri Star uma versão moderna da Walton five-and-dime, um negócio familiar dirigido por personalidades entusiasmadas e ambiciosas que está crescendo em um ritmo espantoso? Não estou querendo dizer que a Missouri Star vai ser o próximo Walmart ou mesmo a próxima JCPenney.* Mas a família Doan tem uma maneira inteiramente nova de fazer negócio, atraindo centenas de milhares de fãs no mundo inteiro e ressuscitando toda uma cidade.

"É engraçado", comentou Al, "mas eu teria desistido disso há muito tempo se não tivéssemos aquele poder de marketing para dar um empurrão. Porque, literalmente, eu não conseguiria ter enxergado a oportunidade aqui. Ninguém conseguiria enxergar a oportunidade sem o YouTube."

*Por coincidência, o primeiro emprego de Sam Walton, fundador do Walmart, foi como estagiário de administração na JCPenney. (*N. do A.*)

8. A luta é real

Por que as celebridades de hoje têm de se dedicar 110% em um mundo 24/7

As histórias de Jenny, Lilly, Tyler, Hank e John ilustram, para mim, as características fundamentais dos criadores do YouTube. Eles são especialistas em formar e cultivar comunidades. Eles são extremamente sinceros consigo mesmos, oferecendo descrições reveladoras e autênticas de suas vidas. Eles sabem como se conectar com públicos globais, fazendo vídeos cujo apelo atravessa fronteiras. Eles assumem sua diversidade e as perspectivas que os tornam únicos. E entendem o apelo dos nichos, compreendendo que é melhor atrair uns poucos entusiastas do que uma multidão indiferente. De todas essas maneiras, nossos criadores estão reescrevendo o livro de regras de Hollywood. Eles são altamente acessíveis, respondem diretamente aos seus fãs em vez de mantê-los a distância. Eles rejeitam a gestão altamente refinada da imagem e as pesquisas de opinião que por muito tempo definiram os astros e estrelas consagrados pela mídia. Eles acreditam em maximizar o alcance do seu conteúdo ao redor do mundo, pensando além das audiências locais. E percebem que, na maioria das vezes, o que é mais pessoal e exclusivo é o mais universal e atrativo.

No entanto, mesmo que as regras estejam sendo reescritas na indústria da mídia, quase todos os criadores do YouTube e os astros e estrelas de Hollywood têm algo em comum: o trabalho árduo. Já mencionei que as pessoas interpretam erroneamente o fenômeno dos vídeos virais, confundindo-o com o sucesso repentino. Se algo ou alguém se torna rapidamente popular, as pessoas tendem a acreditar que o sucesso ocorreu na primeira tentativa. No entanto, a realidade para a maioria dos YouTubers que chega a 1 milhão de assinantes é que o sucesso é uma jornada longa e turbulenta por um terreno praticamente inexplorado. Aqueles que alcançam o sucesso o fazem porque são persistentes e dedicados, e porque estão dispostos a se expor à constante avaliação do público ao longo de muitos anos. Até mesmo Psy, o fenômeno supremo do YouTube, carregou vídeos de música para seu canal antes de "Gangnam Style"; ele lançou seu primeiro álbum quase dez anos antes disso.

Na realidade, quanto mais estudamos as biografias dos criadores bem-sucedidos do YouTube, mais nos damos conta de como suas jornadas foram longas. Hank, John e Tyler se inscreveram na plataforma em 2007 e têm vídeos de muito sucesso (Tyler tem três vídeos no seu canal com 10 milhões de visualizações; Hank e John têm um). Michelle Phan, a primeira sensação da beleza do YouTube, se inscreveu no YouTube um ano antes, em 2006. Um dos canais mais populares, o da dupla de comédia Smosh, começou antes mesmo da fundação do YouTube. A dupla carregou vídeos e animações em Flash para seu próprio site antes de fazer a transição para o YouTube, em 2005. E eles não estavam sozinhos; os fundadores de várias oficinas de conteúdo, como BuzzFeed, College Humor e Vice, estavam fazendo vídeos on-line pré-YouTube, antes de, finalmente, usarem a plataforma para atingir um público massivo.

A primeira vez que ouvi falar em Adande (vulgo sWooZie)* foi em 2016, quando a Casa Branca pediu a ele que entrevistasse o então presidente Obama depois do discurso do Estado da União. Durante a entrevista, Adande fez perguntas ponderadas e incisivas ao presidente a respeito da violência policial e do perfil racial, da cobertura sensacionalista dos tiroteios nas escolas e o desafio da radicalização on-line, antes de fazer perguntas mais descontraídas, (se o presidente preferia Drake ou Kendrick Lamar, por exemplo).** Como eu não tinha ouvido falar no canal de Adande, presumi que ele tinha ascendido recentemente na plataforma. No entanto, quando olhei seu canal, vi que seus primeiros vídeos datavam de fevereiro de 2006, poucos meses depois de o YouTube ter sido criado.

Falei com Adande para tentar entender como tinha sido sua jornada de uma década na plataforma. Ele explicou que sua carreira no YouTube tinha começado porque ele ia aparecer na televisão. Enquanto trabalhava como salva-vidas no Hard Rock Hotel em Orlando, ele se tornou conhecido por

---

*Na escola, o amor de Adande pela Nike levou os garotos a o chamarem de "swoosh", que com o tempo se transformou em "sWooZie". *(N. do A.)*
**"Meu voto vai para Kendrick." *(N. do A.)*

ser um gamer competitivo, o que lhe rendeu uma oferta da DirecTV para que participasse de uma competição eSports chamada Championship Gaming Series. O interesse entre seus colegas de trabalho por sua nova atividade o levou a documentar a experiência on-line. "Eu parecia um disco quebrado voltando para o trabalho no Hard Rock e explicando para todo mundo como é participar de um programa de televisão", disse ele. "Então eu pensei: 'Sabe de uma coisa? Vou fazer um vídeo sobre isso e colocar no YouTube; assim todo mundo vai calar a boca, todo mundo vai me deixar em paz e eu vou poder voltar do intervalo na hora.'"

Ele começou a fazer vlogs sobre suas experiências, muito antes da época em que os atores passaram a levar pessoas para os bastidores de seus programas de televisão. Como ele estava fazendo algo muito novo, lhe foi concedido um acesso extraordinário com pouca supervisão, e a visão privilegiada da vida na televisão o ajudou a gerar um pequeno grupo de seguidores, mas isso nunca se tornou uma atividade de tempo integral.* Nos quatro anos seguintes, esse foi o padrão de Adande: ele trabalhava como salva-vidas, competia como gamer profissional com pontas na televisão e de vez em quando carregava vídeos no YouTube. Às vezes, os vídeos exibiam seu talento para a animação, uma paixão que cultivara durante anos, mas seus vídeos e seu canal passavam despercebidos. Depois, em 2010, ele teve um encontro fortuito que começou a mudar sua trajetória.

---

*Os primeiros funcionários do YouTube ouviram falar no canal de Adande em 2007 e lhe fizeram uma oferta para ganhar receita com anúncios como um dos primeiros membros do YouTube Partner Program, mas ele recusou a oferta por recear que talvez tivesse de excluir alguns dos seus vídeos e começar do zero. *(N. do A.)*

Um de seus amigos estudava na turma de Michelle Phan e mencionou para ela o sucesso inicial de Adande no YouTube. Na época, Michelle era uma das maiores estrelas do YouTube, e sentiu que Adande também tinha a possibilidade de progredir. Ela entrou em contato com ele e o incentivou a se concentrar em desenvolver seu canal no YouTube. Quando ela lhe disse que estava ganhando US$300 por dia com seus vídeos, ele ficou muito surpreso. "Eu perguntei: 'O quê? Você está ganhando *quanto* por dia, apenas trabalhando com maquiagem no seu quarto?'" Para convencê-lo, ela sugeriu que ele a acompanhasse em uma viagem de fim de semana a Nova York patrocinada por uma marca.

Ele gostou. "Eu me senti como se fosse o Usher", me disse ele. "Íamos a restaurantes, nos sentávamos, comíamos, nos levantávamos e íamos embora sem ao menos pagar a conta. Era tudo cortesia. Tudo estava providenciado. Era simplesmente inacreditável. O quarto de hotel dela? Uma loucura. Comíamos à vontade o que havia no frigobar, pedíamos bife no café da manhã, no almoço e no jantar. Era insano. Quando minha família ia a um hotel, era assim: '"Nem ouse olhar para o frigobar."' Mas Michelle me dizia: 'Coma e beba à vontade tudo o que quiser do frigobar. Se você não fizer isso, vamos perder dinheiro.' Então, naquele ponto, eu estava pensando: 'OK, se eu vou poder comer e beber tudo o que eu quiser do frigobar sempre que eu for a um hotel, então preciso levar o YouTube a sério.'"

No meio da rápida turnê, Michelle também fez com que Adande percebesse a importância de planejar seu crescimento. "Há duas maneiras de estourar", disse-lhe ela. "Por um golpe de sorte ou com uma estratégia, e vou sugerir uma estratégia." Depois de examinar o canal de Adande, ela lhe deu algumas dicas que influenciariam o restante da carreira dele no YouTube. "Notei que seus vídeos de animação se saem melhor", comentou ela, "então, você poderia carregar mais coisas com um pouco mais de animação". Ela também lhe aconselhou a manter as coisas breves, porque os vídeos de dez minutos nos bastidores limitavam a exposição dele. Ela disse, ainda, que ele deveria se concentrar em criar títulos mais instigantes e em melhorar suas *thumbnails* enquanto ele tentava furiosamente anotar todos os conselhos dela.

Adande saiu do fim de semana inspirado e passou os dias seguintes planejando seu próximo vídeo. Ele notou que a exposição — vídeos de pessoas fazendo confissões sobre seus empregos ou relacionamentos — era uma grande tendência na época. A natureza reveladora das confissões inspira naturalmente a curiosidade entre os espectadores, que pensam que irão ouvir os segredos intimamente guardados de alguém. Ele, então, pensou na sua vida, em um breve período que trabalhara na Disney World, e começou a delinear uma confissão a respeito dessa época. Adande levou em consideração que a marca era adorada e que seu vídeo teria uma boa audiência apenas entre os atuais funcionários. "Fiz uma busca no Google e descobri que a Disney tinha 60 mil funcionários no mundo inteiro então aquele talvez fosse um bom ponto de partida" — uma meta de 60 mil visualizações. Ele ficou acordado a noite inteira editando o vídeos, fez o upload de "Confessions of a Disney Employee"* às seis horas da manhã e foi dormir.

Ao meio-dia, quando acordou, o vídeo já tinha 100 mil visualizações. "Até aquele momento, eu conhecia a maioria

*"Confissões de um funcionário da Disney", em tradução livre. (*N. da T.*)

dos meus assinantes pelo nome. Eu dizia: 'Oh, este é o Doug. Aquela é Sarah.' Dei uma olhada no meu Twitter e parecia que eu tinha sido hackeado porque estava recebendo tweets de todo o mundo. Recebi um tweet de um DJ do Afeganistão, e pensei: *"O que está acontecendo?"*"

No início do livro, comentei que a oportunidade de ser uma celebridade de vídeo nunca foi tão grande. O fato de que qualquer pessoa com um smartphone e uma conexão de internet tem o potencial de atingir mais de 1,5 bilhão de pessoas representa uma democratização da mídia visual sem precedente. Jeffrey Katzenberg, veterano de 40 anos da indústria da mídia, me disse o seguinte: "Nunca houve tanta oportunidade, nunca houve tantas plataformas de distribuição, nunca houve um apetite maior e as pessoas nunca consumiram mais conteúdo do que hoje. É extraordinário."

Mas existe o outro lado da moeda dessa expansão de oportunidades. "Ao mesmo tempo", prosseguiu Jeffrey, "há mais conteúdo sendo criado do que nunca". Em outras palavras, a democratização da criação de conteúdo conduziu a uma intensa explosão da concorrência. Apenas no YouTube, mil criadores estavam cruzando diariamente o limiar de mil assinantes em 2016. Destacar-se e captar a preciosa atenção de um espectador nunca foi tão difícil, embora quase todo mundo tenha oportunidade para fazer isso.

Alguns observadores argumentam que essa nova dinâmica dificulta o sucesso dos que almejam ser criadores ou músicos. Eu simplesmente não vejo como isso seja possível. Pode ser que a indústria da mídia nunca seja completamente meritocrata, mas um sistema aberto para todos e que divide a receita com qualquer pessoa é bem mais meritocrático do que o modelo de acesso restrito que costumava prevalecer. Se o antigo modelo de sucesso da mídia envolvia a cadeira numerada, agora estamos diante do jogo das cadeiras. Em um estádio. Pode ser difícil conseguir sentar, mas pelo menos todo mundo pode tentar.

Casey Neistat, um cineasta que ganhou um Independent Spirit Award e teve uma série da HBO anos antes de criar um canal no YouTube, explicou da seguinte maneira a meritocracia da nova mídia: "Se as pessoas se interessam pelo que eu tenho a dizer, elas assistem ao conteúdo. A elas não interessa se sou amigo ou não de Carolyn Strauss, a ex-diretora de programação da HBO. (...) Na história da comunicação, nunca houve tanta oportunidade. E essas oportunidades estão em um lugar democrático, igualitário, acessível a todos e com um único ponto de entrada, seja você um garoto paupérrimo com um pequeno Android que mal funciona, que mora no Meio-Oeste e precisa ir à biblioteca para ter wifi de graça, ou Steven Spielberg. Os espectadores não estão nem aí para isso. Se o garoto do Meio-Oeste fizer algo melhor, é o que as pessoas vão querer ver. Você terá sucesso se tiver uma mensagem que as pessoas querem ouvir."

Com base nisso, perguntei a Casey que conselho ele daria para esse garoto do Meio-Oeste que estivesse apenas começando. Ele respondeu que a única resposta possível seria tentar descobrir. "Se você tentar basear seu caminho em direção ao sucesso no YouTube a partir do que outra pessoa fez, você já fracassou. Não existem duas trajetórias iguais. (...) E, no YouTube você realmente precisa preparar o próprio caminho se quiser ter sucesso. Se você estiver nadando em uma piscina com mais de 20 milhões de pessoas, não pode simplesmente agarrar o tornozelo de alguém e dizer: 'Isto também vai dar certo para mim.' É preciso uma engenhosidade que vai muito além do conteúdo que você está fazendo para encontrar o sucesso."

Fiz a vários outros criadores uma pergunta semelhante. O conselho de Tyler espelhou o de Casey e estava em consonância com o que ele disse para o público na VCU. "Dê ao YouTube o que somente você é capaz de dar", orientou ele, e acrescentou: "O seu primeiro vídeo não terá 1 milhão de visualizações, e isso é mais do que normal. Levei cinco anos para me dedicar em tempo integral."

Hank enfatizou a importância da colaboração. "Encontre pessoas com quem você adore trabalhar e faça coisas junto com elas, porque acho que não estamos mais na era em que é fácil ser uma pessoa sozinha. Na minha cabeça, é muito parecido com o modelo da banda de rock, na qual você pode ter um vocalista, mas são necessárias cinco pessoas para fazer a coisa funcionar. Vocês têm de ter um ótimo relacionamento e têm de se divertir muito durante o processo. Não faça nada sozinho."

Mas Adande me deu a resposta mais brilhante e específica possível. "Você tem que manter os vídeos curtos. No início, sua base de fãs vai ser formada por seus amigos e sua família. Essas são as pessoas que vão assistir aos seus vídeos. Portanto, respeite o tempo delas. Sugiro que, no início, eles tenham dois minutos no máximo. Depois disso, fale a respeito de coisas que levarão seus amigos e sua família a compartilhar o vídeo com outras pessoas. E a melhor maneira de descobrir quais são essas coisas é ver as mensagens deles· ver os tweets, ver as postagens deles no Facebook.

Decomponha o DNA do tipo de vídeo que eles estiverem postando e veja se estão compartilhando coisas engraçadas. Ah, eles estão compartilhando coisas sobre gatos. Ah, eles estão compartilhando BuzzFeed. Depois, pergunte-se: como posso implementar minha versão dessas coisas?"

Quase pude ouvi-lo canalizando Michelle e a primeira conversa que eles tiveram sobre a estratégia no YouTube em Nova York. Quanto mais perguntas eu fazia, mais pérolas de sabedoria ele revelava. "Se você reparar, um dos meus segredos é dizer alguma coisa engraçada ou fazer uma pergunta durante os primeiros 15 segundos [de um vídeo]", explicou ele. "Somos todos crianças da internet agora; todos temos TDAH. Então, tenho 15 segundos antes que você desista do vídeo. E há também um anúncio de 5 segundos que passa antes. Bem, esses 5 segundos são deduzidos daqueles 15. Agora tenho 10 segundos para conquistá-lo."

Quando eu lhe disse que estava surpreso com o quanto essas táticas eram focadas, ele as associou às suas raízes no jogo de videogame profissional. "Você chega a um ponto em que está competindo com os melhores do mundo", explicou, "então tem de se destacar de alguma maneira. Todo videogame é baseado em uma animação. Nenhum jogo pode escapar dessa regra fundamental. Desse modo, se eu, como jogador, aprender todo o *frame data* para cada personagem, eu sei que, se você escolher o Ken no *Street Fighter*, ele tem um soco de nove *frames*. Assim, se eu bloquear esse soco, você tem quatro *frames* de animação do *recoil*. Tenho quatro *frames* nos quais eu posso fazer o que quiser com você. É assim que se decompõe qualquer jogo de luta. Apliquei esse mesmo tipo de estratégia ao YouTube, e funcionou." Estava claro: a estratégia de Adande era gamificar o YouTube.

"Na comunidade de jogos de luta, chamamos isso de *yomi*. É um termo japonês que significa conhecer a mente do seu oponente. O melhor é saber o que você deseja compartilhar antes mesmo de fazer isso. E, sinceramente, foi como eu comecei. Eu estava apenas garantindo que, se conseguisse fazer meu amigo compartilhar, seu amigo poderia compartilhar, e os amigos deste último poderiam compartilhar, e bum! A palavra *viral* tem sido muito usada. Acho que ela perde significado porque as pessoas pensam: 'Ah, viral. Quer dizer muitas visualizações.' Não, viral é como um resfriado. Eu o pego, e ele permanece vivo porque toquei na maçaneta da porta, depois outra pessoa tocou nela, e depois esta pessoa passa adiante a gripe e depois outra. É uma coisa que é *assustadoramente* compartilhada. Então, quero que meus vídeos se tornem como uma gripe; você tem de compartilhá-lo, e ele irá para toda parte."

É claro que o sucesso tem seus próprios desafios. Embora, como argumentei no capítulo anterior, a fama possa ser hoje um conceito mais fluido do que no passado, os inconvenientes da fama são, em grande medida, estáticos. Adande me contou a respeito do treinamento de mídia que recebeu antes de filmar seu reality show na televisão. "Uma das coisas que eles nos disseram no primeiro dia foi o seguinte: 'Vocês estão agora em uma casa de vidro. Ao entrarem, [seus fãs] são seus donos. Se vocês não gostam de como isso soa aos seus ouvidos, esta não é a indústria para vocês. Se não gostam da ideia de pessoas vasculhando seu lixo quando você o coloca na porta da garagem, esta não é a indústria para vocês. Eles vão querer conhecer seu negócio. Vão querer saber da sua vida amorosa. Vão querer saber tudo a seu respeito. Então, se vocês não se sentem à vontade com isso, esta não é a indústria para vocês.'"

Enquanto refletia sobre essas concessões, Adande pensou em algumas de suas experiências com celebridades, da época em que trabalhava no Hard Rock Hotel. Quando trabalhava como salva-vidas, costumava ver celebridades. Algumas, como Jay-Z, assinavam cada autógrafo e posavam para cada fotografia. Outras "odiavam seus fãs", contou-me, e não queriam interagir com eles.

"Um fã reconhecia um desses astros ou estrelas do rock, corria até ele/a, e a celebridade nem olhava para o fã", afirmou Adande. "E eu ficava me perguntando: 'Você está de brincadeira? É por causa dessa garota que você está aqui. E você não vai nem mesmo reconhecer a existência dela?' Eu dizia para mim mesmo: 'Se algum dia eu estiver nessa posição, não vou fazer o que você está fazendo.'" Quando começou a acumular fãs, ele fez questão de responder a todos os e-mails, mensagens diretas e comentários recebidos, nunca se esquecendo de que "seus fãs são seu chefe".

Para alguns criadores, especialmente aqueles que descrevem seus relacionamentos nos seus canais no YouTube, a vida em uma casa de vidro pode ser difícil. Charles Trippy, que continua a filmar o vlog diário mais duradouro da história (oito anos, por enquanto), devastou seus fãs quando revelou que ele e sua esposa, Alli Speed, estrela ao lado dele, estavam dando entrada no divórcio. Do mesmo modo, Jesse Wellens e Jeana Smith dirigiram o imensamente bem-sucedido canal PrankvsPrank antes de enveredarem nos vlogs diários. Depois de quatro anos nessa experiência, o casal anunciou sua separação, citando o estresse do relato diário de sua vida como um dos fatores do rompimento.

O documentário sobre a turnê de Tyler contém duas cenas reveladoras nas quais ele parece agitado, primeiro quando os fãs o seguem até o hotel depois de um show e, mais tarde, quando alguns organizadores da VidCon não conseguem providenciar uma saída à francesa para que ele fugisse de um enxame de fãs em um encontro com o público. Ele me disse que não sabia se devia incluir as cenas, porque elas não lhe eram muito favoráveis. "No YouTube, é muito fácil apresentar três minutos de lisonjas", me disse ele. "Mas no documentário era como se eu estivesse completamente exposto, apenas um ser humano. Nem tudo é maravilhoso. Nem tudo tem a iluminação perfeita, nem emocional nem literalmente."

Perguntei a Tyler se isso era diferente do que as celebridades tradicionalmente precisam enfrentar. "Acho que existe uma diferença entre esta forma de entretenimento e muitas outras nas quais — talvez um astro ou estrela de cinema, sim, é um trabalho difícil, apesar do cronograma — você pode, quem sabe, trabalhar em um único projeto durante um ano", disse ele. "É compreensível que você se distancie um pouco; seu público espera que você faça isso.

"No caso de um criador do YouTube, é toda semana. Não há baixa temporada. É constante, e tem sido constante para muitos de nós há quase uma década. E, como estive nessas outras esferas [de Hollywood], pude ver que há muito mais apoio. Para o YouTuber, é muito solitário. Na maioria das vezes, você está escrevendo, produzindo, editando e distribuindo completamente sozinho. Fazer um vídeo não se resume a fazer o upload e torcer para que seja um sucesso. É a promoção, são as interações, é cada pedacinho do processo. Se alguém me perguntasse quantas horas por dia eu trabalho, eu perguntaria: 'Há quantas horas estou acordado?'"

Mas todo esse esforço não necessariamente transmite credibilidade. "Acho que as pessoas que eu conheço que trabalham mais arduamente são meus colegas nesta indústria porque até mesmo conseguir que isso seja reconhecido como uma profissão é uma tarefa muito difícil", me disse Tyler. "Ninguém vai chamar um YouTuber de celebridade, mas mesmo assim eles têm todos os encargos, as responsabilidades e as maravilhas da função. Ser famoso é apenas ser conhecido por um grande público. Se seu mais recente vídeo obtiver mais visualizações do que o fim de uma temporada de uma série do HBO, tenho certeza de que você é uma celebridade. (...) No frigir dos ovos, como você lida com a fama se, para início de conversa, sua fama está sendo questionada?"

A pergunta de Tyler resume algo fundamental que desejo abordar neste livro. Por que um movimento que alcança tantas pessoas, que mudou tanto a forma como a indústria da mídia opera, é tão facilmente descartado? Muitos críticos culturais não se interessam em observar com cuidado as "celebridades da internet" populares, criticam-nas como sendo insípidas e aventam que seu sucesso não é imerecido.

Sem dúvida, o criador mais popular do YouTube até esta data — Felix Kjellberg, vulgo PewDiePie — não fez nenhum favor às celebridades da internet na sua luta pela credibilidade quando postou vários vídeos de cunho antissemítico no início de 2017, em uma tentativa de fazer o que ele considerava humor. As ações de Felix foram claramente ofensivas, como ele acabou admitindo com o tempo, e, na minha opinião, ele subestimou sua responsabilidade como o embaixador mais popular da plataforma, mesmo que ele próprio não seja uma pessoa odiosa.

Muitos logo compararam Felix com figuras de Hollywood, como Mel Gibson e Charlie Sheen, que também fizeram comentários deploráveis. Para mim, uma analogia mais apropriada talvez seja com Ted Danson.

Em 1993, Danson era o maior astro da televisão, depois de completar uma sequência de 11 anos como o barman Sam Malone em *Cheers*. O episódio final da série foi assistido por mais de 90 milhões de pessoas, tornando-o o terceiro episódio mais assistido da história da televisão. No entanto, apenas cinco meses depois, ele compareceu a um Friars Roast da sua então namorada Whoopi Goldberg fazendo *blackface* e fez várias piadas de cunho racista. Não creio que Danson ou Felix estivessem tentando ser odiosos, mas ambos recorreram a linguagens e imagens profundamente ofensivas em tentativas repugnantes de ser engraçados.

O que espero que outros criadores aprendam com o fiasco de Felix é que a fama deles, embora resulte exclusivamente do seu próprio trabalho, não os isenta de algumas obrigações: ser ponderados, compreender o alcance da sua influência e comparar as exigências de oferecer entretenimento com a ofensa que suas ações podem causar.

O YouTube obviamente acredita na importância da liberdade de expressão — eu mais do que a maioria, por ter crescido em um regime repressivo com uma mídia controlada pelo Estado —, mas o direito de um criador de dizer algo ofensivo não é a mesma coisa que sua necessidade de dizer algo ofensivo. Sob o olhar ofuscante do ciclo de notícias 24/7 expandido pela internet, os riscos de erros de conduta são maiores. Não sei se Ted Danson teria tido uma segunda chance se um vídeo da sua épica mancada tivesse sido postado no YouTube.

Apesar de tudo, aqueles que argumentam que a popularidade de Felix (ou de outras celebridades da internet) é imerecida estão subestimando a quantidade de trabalho que faz parte de uma carreira na internet. A sorte é uma parte crucial do sucesso de qualquer pessoa, independentemente da indústria na qual ela esteja. Mas a sorte é menos importante na mídia hoje em dia do que jamais foi, porque as novas estrelas não são criadas, mas escolhidas. Se você deseja criticar o sistema, sua rixa é com a preferência do público, não com a ética de trabalho do talento.

"Você não precisa amar o fenômeno do YouTube", disse Tyler. "Não precisa se sintonizar, não precisa assistir. Mas você não pode negar o que está acontecendo. Há programas a que nunca assistirei; filmes que nunca verei. Mas não poderia fingir que eles não são entretenimento para alguém."

Ora, é claro que a internet pode projetar alguém sem qualquer motivo,* mas é preciso perseverança e dedicação para permanecer no topo. Cogitar atingir o auge de popularidade é suficiente para causar pesadelos a um criador. "A internet pode ser um lugar bastante implacável", declarou Adande. "Vi outros YouTubers muito mais famosos do que eu levarem um tombo muito mais forte, e eles não conseguiram se reerguer." Lidar com audiências instáveis não é nenhuma

*"Droga, Daniel." *(N. do A.)*

novidade na mídia, mas, em uma plataforma na qual a popularidade é medida pelo número de assinantes de um canal, as dificuldades e os conflitos de um criador acontecem à plena vista. Adande descreveu o sucesso de um criador como o "êxtase invisível". Ele me disse que, "uma vez que o êxtase invisível deixe seu canal, é quase impossível fazer o sucesso voltar".

Depois de ter estudado canais e criadores cujos números de audiência atingiram o auge, Adande associou o declínio deles a um único fator: previsibilidade. "Seus problemas começam quando sua audiência ultrapassa você", relatou-me. Ele mencionou que dois dos seus YouTubers favoritos tinham se tornado excessivamente formulistas, desde o tipo de conteúdo que produziam ao tipo de técnicas de filmagem que utilizavam. Em determinado ponto, Adande passou a saber como seriam os vídeos deles até mesmo antes de clicar neles. A prioridade tem que ser continuar a inovar, afirmou ele, continuar a experimentar coisas novas, na esperança de que você não esteja avançando rápido demais para sua audiência. Ele me disse, mais uma vez: "Os fãs são seu chefe."

Matthew Patrick, mais conhecido como "MatPat", passou vários anos orientando criadores e marcas sobre estratégia no YouTube antes de lançar seu próprio canal bem-sucedido. Quando perguntei a ele sobre as dificuldades de avançar no mesmo ritmo da sua audiência, ele comparou ser um criador bem-sucedido a correr em uma incessante esteira mecânica. "É preciso se superar constantemente", garantiu. "Você precisa postar vídeos constantemente. O YouTube não sente compaixão se você está se sentindo deprimido, sem criatividade ou qualquer outra coisa. Há muito conteúdo, há muitos outros criadores talentosos e a internet tem um intervalo de atenção muito curto. Se você parar durante umas duas semanas, é bem provável que você vá perder boa parte da sua base de fãs para outra coisa."*

Depois, há os comentários.

Gerenciar ativamente sua comunidade significa ler a correspondência digital dos fãs, por mais doloroso que isso possa ser. De acordo com Matthew, isso torna ser um criador "a atividade simultaneamente mais difícil, gratificante e emocionalmente destrutiva, mas também a mais edificante que alguém jamais poderia desejar. Nada supera a alegria de ver uma sala repleta de fãs ou de ouvir histórias de pessoas que dizem: 'Eu estava passando por um momento muito difícil e você me ajudou a atravessá-lo' ou 'Assistir aos seus vídeos fez com que me sentisse melhor' ou 'Assistir a esse episódio me ajudou a passar em um teste'.

"Mas ao lado dos milhares de comentários positivos, sempre haverá as pessoas que o atacam sem motivo ou que não entenderam o vídeo e estão apenas menosprezando-o e atacando-o pessoalmente. E muitas vezes é difícil suportar isso, porque essas são as pessoas insistentes."

Isso me lembrou de algo que Lilly me contara a respeito de um comentário que alguém deixara em um dos seus vídeos. Era um comentário isolado, conciso e mesquinho a respeito de como os YouTubers "teriam de voltar para a escola e aprender a funcionar como pessoas normais" quando as pessoas parassem de assistir aos seus canais. Ela disse que o comentário a deixara apavorada.

*O gerente dele me contou que qualquer pessoa que quisesse ser tão bem-sucedida quanto Matthew deveria assistir a um vídeo dele assinando autógrafos três horas a fio para entender a energia e a paciência que isso requer. *(N. do A.)*

No meio de todo o estresse e trabalho árduo, perguntei a Matthew se ele jamais duvidava de que tudo aquilo valia a pena. "Certamente vale a pena", afirmou ele. "Sempre lembro às pessoas que o envolvimento positivo dos fãs e que a influência positiva que você está tendo na vida de alguém são muito mais valiosos do que aquele comentário negativo sobre o som da sua voz ou qualquer outra coisa. E você precisa apenas se lembrar de que, em nenhuma parte da vida, quer você seja um YouTuber ou não, você vai agradar a todo mundo. Não existe uma solução que deixe todas as pessoas felizes. Se você estiver satisfeito com o conteúdo que está criando e o efeito que está causando, tudo vale a pena."

Um dos maiores esforços que fizemos no YouTube para incrementar a credibilidade e a longevidade dos nossos criadores foi uma tentativa de abarcar algo que chamávamos internamente de "a lacuna de *Mad Men*". Já em 2013, vários dos nossos astros e estrelas mais populares estavam atraindo audiências maiores — em alguns casos bem maiores — do que seus equivalentes na TV a cabo. Bethany Mota, uma fashionista de 18 anos que faz vlogs sobre roupas no seu quarto, tinha mais pessoas sintonizando seu canal todas as semanas do que o *Project Runway*. Mais pessoas estavam assistindo a Rosanna Pansino, que assava cupcakes com o formato dos seus personagens favoritos de videogames, do que a *Iron Chef*. E a Vice, cujas notícias globais e documentários sem edição dedicados aos Millennials estava atraindo audiências maiores do que *Anderson Cooper 360º*. No cômputo geral, mais pessoas nos Estados Unidos estavam assistindo ao YouTube do que a qualquer rede de TV a cabo.

Entretanto, apesar desses números, a maioria dos americanos nunca tinha ouvido falar em Bethany, Rosanna ou na Vice, mas quase todos sabiam da existência de *Project Runway*, *Iron Chef* e *Anderson Cooper 360°*, mesmo que nunca tivessem assistido a esses programas. Nossos criadores lutavam para conseguir cobertura na imprensa e nas revistas especializadas de Hollywood e eram ignorados até mesmo por sites que cobriam a nova mídia. As tentativas da nossa equipe de relações públicas de oferecer matérias para as revistas ou programas diurnos da televisão eram frequentemente recebidas com longos silêncios, olhares inexpressivos ou recusas simples e diretas.

E isso não parava na cobertura da imprensa. As marcas relutavam em anunciar nos canais dos astros e estrelas do YouTube, apesar dos seus enormes índices de audiência, alegando que o conteúdo deles não era "premium". "Premium", nesse caso, indicava duas coisas. Primeiro, que a qualidade do conteúdo dos YouTubers não poderia se comparar ao encontrado na televisão. Posicionar sua marca ao lado de um programa multimilionário estrelado por Heidi Klum era uma coisa; posicioná-la ao lado de uma vlogueira adolescente transmitindo de graça do seu quarto é outra bem diferente. Mas a palavra *premium* também insinuava que a audiência do YouTube era menos sofisticada e, por conseguinte, menos valiosa para as marcas do ponto de vista da renda disponível e do prestígio cultural.

Além da dificuldade que tinham para ganhar dinheiro com anúncios, os criadores lutavam para assinar contratos de endosso, conseguir representação das principais agências de talento ou diversificar suas atividades fora do YouTube. Suas "estatísticas de audiência" podiam ser enormes, com dezenas de milhões de pessoas sintonizando o conteúdo deles todas as semanas, mas essa popularidade não tinha se convertido em uma relevância cultural convencional. Nossos principais criadores eram mais como bandas obscuras das quais ninguém tinha ouvido falar, só que, em 2013, mais pessoas assistiram a qualquer um dos vídeos deles do que compraram o álbum de Justin Timberlake.*

Mais ou menos nessa mesma época, a série *Mad Men* se tornara um autêntico fenômeno cultural. Parecia que todo mundo no país tinha ouvido falar em Don Draper e na equipe da Sterling Cooper. Além do papel principal no programa, Jon Hamm se tornou o rosto da Mercedes-Benz e da American Airlines em campanhas publicitárias no país inteiro. Diversas agências de notícias, podcasts e revistas de entretenimento dissecaram praticamente todos os aspectos do programa, como o estilo de roupa, a exatidão histórica e a trilha sonora. Da noite para o dia, parecia que todos os *barmen* dos Estados Unidos estavam usando uma gravata *skinny* e sabiam como preparar um *old-fashioned* razoável. Mas até mesmo o episódio mais assistido de *Mad Men* atraiu apenas 3,5 milhões de telespectadores em todo o país. Mais de 4 milhões de *californianos* assistiram ao vídeo mais popular de Michelle Phan.**

Então o que explicava a lacuna entre o YouTube e *Mad Men*? Por que precisávamos dessa influência embora atraíssemos públicos tão grandes?

* *The 20/20 Experience* foi o álbum mais vendido de 2013, com 2,43 milhões de cópias vendidas. (*N. do A.*)

**Foi um tutorial de maquiagem sobre como ficar parecida com a Barbie, mas ainda assim... (*N. do A.*)

Parte do nosso problema era que nosso público estava espalhado pelo mundo em vez de concentrado nos Estados Unidos, de modo que era mais difícil formar a conscientização geral em mercados específicos. Além disso, nosso público era normalmente muito mais jovem do que o público da TV a cabo ou da televisão aberta. O telespectador típico da TV a cabo está na faixa dos 50 anos, e o telespectador típico da televisão aberta está na faixa dos 60. Nosso espectador típico está na casa dos 20 anos. Embora você possa achar que essas diferenças seriam vantajosas para publicações que desejam atrair de um público de millennials ou de marcas em busca de expansão global de sua presença, elas eram percebidas como desvantagens.

Nosso maior problema, no entanto, envolvia o marketing. Embora o YouTube oferecesse aos seus criadores uma maneira poderosa e gratuita de distribuir seu conteúdo, não proporcionávamos a eles uma maneira igualmente poderosa de comercializar seu conteúdo para novas audiências. Nossos algoritmos recomendavam shows para novos espectadores — e essas recomendações efetivamente correspondem à maior parte do tempo que as pessoas passam assistindo ao YouTube —, mas as sugestões ainda tinham, em grande medida, o efeito de pregar para os convertidos, aqueles que já estavam avidamente consumindo conteúdo na plataforma. E nossos criadores, muitos dos quais tinham começado a carreira no seu quarto com pouco ou nenhum dinheiro, não tinham orçamento para anúncios impressos ou comerciais. Quase todas as pessoas que conheciam um criador já estavam assistindo aos seus vídeos — em contraste com as dezenas de milhões de pessoas que tinham ouvido falar em *Mad Men* mas nunca tinham assistido a um único episódio.

Por isso, nossos criadores se parecem mais com empreendedores do que com celebridades. Eles começam obtendo o apoio de amigos e da família. À medida que crescem e se desenvolvem, eles expandem esse círculo, recorrendo principalmente ao boca a boca e às redes sociais. Com o tempo, alcançam um tamanho no qual são capazes de gerar uma receita (principalmente por meio do Programa de Parceria do YouTube) para reinvestir no seu negócio incipiente e aumentar sua audiência. Mas, como acontece em qualquer startup, esse reinvestimento é principalmente no seu produto — os vídeos — e não no marketing ou em relações públicas. Mesmo quando são capazes de ter audiências na casa dos milhões, os criadores continuam a operar "na surdina", obtendo novas audiências por meio do boca a boca.

Os estúdios de televisão e de cinema, por outro lado, têm gigantescos orçamentos de marketing, que geralmente se equiparam ao custo da produção de um filme ou programa. Eles usam esses orçamentos para nos encher de informações a respeito dos filmes e programas mais recentes por meio de campanhas de publicidade e turnês da imprensa. Embora esse dispêndio de marketing não seja incrivelmente eficiente em atrair audiências (poucas pessoas que veem um anúncio ou leem um artigo a respeito de um filme acabam indo vê-lo), ele é um excelente trabalho de conscientização de uma estreia, garantindo a cobertura jornalística e atraindo dinheiro de publicidade.

Diante da lacuna de *Mad Men*, compreendemos que, para elevar nossos astros e estrelas e atrair mais dinheiro de publicidade para os canais deles, teríamos de tirar uma página do manual de estratégia de Hollywood e oferecer apoio financeiro. Teríamos que investir no tipo de campanhas de marketing tradicional abrangentes que os estúdios fazem tão bem a fim de dar destaque a alguns criadores emblemáticos do YouTube.

A partir de 2013, gastamos dezenas de milhões de dólares para fazer a propaganda de criadores e canais populares do YouTube em comerciais da televisão, em outdoors, em sites e aplicativos. Nos principais mercados publicitários de Los Angeles, Nova York e Chicago, colocamos anúncios em vagões do metrô, pintamos murais e colocamos propaganda nos táxis. Organizamos encontros de fãs na Madison Avenue. Compramos espaço nas revistas *Allure, Seventeen* e *Entertainment Weekly*. Em uma ação que pareceu totalmente apropriada, fizemos até mesmo um comercial na televisão antecipando a estreia da sexta temporada de *Mad Men*.

Antes de lançar a nossa campanha, esperávamos melhorar a percepção dos anunciantes a respeito do YouTube em cerca de 20% no intervalo de um ano. Atingimos essa meta em menos de três meses. Dos anunciantes que se lembravam de ter visto um anúncio, 90% disseram que ele melhorara a opinião deles a respeito da qualidade do YouTube. Além disso, 77% declararam que os anúncios tinham aumentado a probabilidade de eles anunciarem na nossa plataforma.

Na imprensa, vimos um aumento imediato tanto da receptividade quanto do interesse das principais publicações e programas de entrevistas. Antes da campanha, não conseguíamos fazer com que a revista *People* respondesse aos nossos e-mails ou nos retornasse quando telefonávamos. Posteriormente, ela traçou o perfil dos três criadores da nossa primeira onda de criadores especiais (Bethany Mota, Rosanna Pansino e Michelle Phan). Algo semelhante aconteceu na televisão. Em poucas semanas, Rosanna estava assando cupcakes com Al Roker, e Savannah Guthrie chamou Bethany de "magnata em formação", enquanto Michelle discutia sua carreira com Barbara Walters e o elenco de *The View*.

Essa cobertura também começou a fazer uma diferença decisiva no público. Mais do que duplicamos a visibilidade de Michelle, Bethany e Rosanna nos principais mercados, e todas as três viram suas assinaturas no YouTube darem um salto. Talvez o mais importante tenha sido o efeito positivo que o sucesso delas causou em todo o YouTube e seus criadores, impulsionando nossa capacidade de vender anúncios e obter cobertura da imprensa. O sucesso da nossa campanha publicitária nos Estados Unidos nos levou a dar destaque a criadores no mundo inteiro em campanhas no Reino Unido, no Brasil, no Japão, na Índia e na Austrália.

Há um ditado no Vale do Silício que diz o seguinte: "Marketing é o preço que você paga por um produto de má qualidade." Essa atitude deriva da crença de que um software de alta qualidade tem sucesso apenas com o boca a boca. Na realidade, antes de ser CEO do YouTube, Susan Wojcicki foi a primeira diretora de marketing do Google; seu orçamento inicial foi de US$0,00.

Aprendemos no YouTube que criadores e conteúdo não são software; eles não são produtos. O boca a boca e um orçamento de marketing zerado podem levá-lo bem longe na era do streaming de vídeo, mas existem limites. Se quiser ir além desses limites, é preciso recorrer aos Don Drappers.*

---

*Referência ao protagonista da série *Mad Men*, um publicitário de alto escalão. (*N. da T.*)

9. Fluxos de receita

Financiando a criatividade na era digital

Se você estivesse caminhando apressado pela 9th Street no bairro SoMa de São Francisco, provavelmente não notaria os escritórios da startup de *crowdfunding** Patreon. O prédio de três andares da empresa é pintado de cinza-escuro e as janelas que dão para a rua são de vidro fosco, permitindo que a luz entre sem deixar escapar nenhum indício da criatividade que acontece do lado de dentro. Mas no interior o saguão está repleto de uma energia inconfundível. Jovens engenheiros de software vestindo casacos de moletom e jaquetas de couro estão sentados em banquetas e navegam entre canais Slack, código Javascript e vídeos do YouTube. O prédio está repleto das comodidades habituais das empresas de tecnologia: bicicletas penduradas na parede e, ao lado do saguão, há

*Também chamado de financiamento coletivo. *(N. da T.)*

uma cozinha com a necessária cafeteira de espresso, uma geladeira abarrotada de bebidas gratuitas e um pote imenso de proteína em pó em cima de uma prateleira com pacotes de biscoitos e salgadinhos; uma visão comum nas startups de tecnologia normalmente dominadas pelos homens. Uma visão menos comum são as guitarras penduradas na parede em frente às bicicletas, a poucos metros de uma bateria, um piano de cauda e um teclado. Se há *brogrammers** trabalhando lá, eles provavelmente conseguem ler partituras.

A Patreon foi fundada em 2013 pelo músico Jack Conte, que é alternadamente sério e extrovertido quando descreve a fundação da empresa. Jack, que é alto e magro, tem a cabeça raspada e uma barba castanha cerrada; usava um moletom com capuz quando nos conhecemos. Mas, embora estivesse vestido como um fundador, Jack disse que nunca tivera a intenção de fundar uma empresa de tecnologia. Ele se formou em música em Stanford em 2006 e logo depois foi morar com o pai para seguir seu sonho de se tornar músico. Enquanto seus amigos se candidatavam à faculdade de medicina ou conseguiam empregos muito bem-remunerados nas áreas tecnológica e financeira, ele tocava em espaços musicais em São Francisco em troca de "pizza e cerveja" e tinha de implorar aos amigos para que fossem vê-lo tocar. Ele fazia um bico meio irregular em uma lavanderia chamada BrainWash situada a poucos quarteirões da sede da Patreon.

"Foi uma época muito, muito difícil para mim", disse ele, "porque é assustador não saber — escolher ser músico e não ter plano de aposentadoria oficial e tudo isso." Ele falou a res-

*Um *brogrammer* é uma gíria que designa um programador estereotipicamente masculino. A palavra é um amálgama de *bro* [*brother*, irmão] e *programmer* [programador]. (*N. da T.*)

peito das primeiras turnês de que participou, e cada história era pior do que a outra. Em um dos casos, ele estava fazendo uma turnê com uma banda na qual todos tinham menos de 21 anos.* O leão de chácara do bar onde eles estavam escalados para tocar confiscou as identidades falsas de todos do grupo quando entraram, deixando Jack sozinho para fazer o show. "Eu entrei e só havia duas pessoas no local: o barman e eu. E, dez minutos depois de o show começar, o barman foi embora. Toquei em uma sala vazia. Esse foi o fundo do poço para mim." Ele acabou perdendo dinheiro na turnê.

Ainda assim, continuou a seguir seu sonho. Fez mais duas turnês, tocou sozinho e com sua namorada de longa data, Nataly Dawn, como a banda Pomplamoose. No início de 2007, Jack topou com um vídeo no YouTube de um garoto tocando violão e cantando uma música. A qualidade era ruim, mas o vídeo tinha 300 mil visualizações. "Nesse ínterim, eu tinha acabado de terminar um álbum depois de seis meses trabalhando nele, com quatro faixas, elegante e limpo. Quer dizer, era meu primeiro lançamento importante, então não era incrível. Mas era decididamente melhor do que aquele vídeo filmado em uma webcam, e minha música estava sendo tocada apenas três vezes por dia no MySpace." Ele pensou: estou colocando minha arte no site errado.

Ele logo transferiu sua energia para um canal no YouTube e começou a criar uma maneira de fazer música sobrepondo clipes de vídeo da maneira como os músicos fazem loops com clipes de áudio, possibilitando que uma única pessoa toque todos os sons ou instrumentos em uma

*Nos Estados Unidos, a idade mínima para beber e entrar em locais onde são servidas bebidas alcoólicas é de 21 anos. *(N. da T.)*

música.* A Pomplamoose começou a atrair audiências cada vez maiores, ganhando, com o tempo, dinheiro suficiente com turnês, parcerias com marcas e vendas no iTunes para comprar uma fazenda no norte da Califórnia, o que permitiu que Jack se mudasse da casa do pai.

Mas o sucesso da banda se revelou paralisante. Durante três anos, Nataly e ele tentaram compor o próximo hit, mas não lançaram mais nenhuma música. Nada que eles produziram parecia bom o bastante. Com o tempo, eles colocaram a banda "na geladeira". Nataly começou a arrecadar dinheiro na Kickstarter** para produzir um álbum sozinha, enquanto Jack se tornou obcecado por música eletrônica. Ele passou dois anos trabalhando no seu estúdio, lendo manuais de música e aprendendo a programar sintetizadores. Nataly embarcou em uma turnê europeia, deixando Jack sozinho para lidar com sua própria música. Com o tempo, ele compôs uma faixa de dubstep chamada "Pedals" que queria lançar e começou a gravar um vídeo para ela.

Durante três meses, Jack trabalhou freneticamente na sua visão do vídeo: robôs subiam no convés de uma nave espacial parecida com a Millennium Falcon por meio de elevadores giratórios, enquanto Jack tocava guitarra entre eles. Ele construiu sozinho o cenário da nave espacial, juntando velhas peças de automóveis que encontrara em ferros-velhos e prendendo arruelas e luminárias na parede, machucando bastante as mãos enquanto fazia isso. Ele mexeu com peças

---

*As "video songs" são hoje um baluarte no YouTube. Jacob Collier, um virtuoso multi-instrumentista do jazz, ganhou dois Grammys em 2017 pelo seu EP "In My Room" depois de encontrar a fama no YouTube por sua hábil abordagem do estilo. (*N. do A.*)

**Empresa americana de benefício público que mantém uma plataforma global de *crowdfunding* focada da criatividade. (*N. da T.*)

de máquinas para construir os elevadores giratórios, usando guinchos, cordas e roldanas para obter o efeito desejado. Conheceu alguns especialistas em robótica on-line que construíram para ele uma cabeça animatrômica capaz de cantar a letra da música, e também um robô semelhante a uma aranha impresso em 3D que ele podia programar para dançar no ritmo da música.

Quando tudo estava pronto, ele filmou e editou o vídeo em três dias. E depois, pouco antes de estar pronto para fazer o upload, Jack pensou: que diabos estou fazendo?

"Gastei três meses e acabei com a minha poupança", disse ele. "Gastei mais de US$10 mil neste vídeo! E vou postá-lo no YouTube e ganhar US$150 com a receita dos anúncios." Nos seus vídeos anteriores, ele tinha chegado a cerca de 1 milhão de visualizações e obtido uma forte reação dos fãs nos comentários. Esse tipo de entusiasmo deveria valer mais, pensou ele. "Nada de ilusões de grandeza aqui; eu sei que não sou Lady Gaga. Eu sei que não sou Psy. Mas 1 milhão de visualizações em um vídeo com centenas de milhares de comentários e uma comunidade — isso é *alguma coisa*. Só tinha a sensação de que o valor não estava sendo traduzido em dólares."

Frustrado, ele teve uma ideia. "'E se eu pedir US$1 aos meus fãs todas as vezes que lançar um vídeo de música?" disse ele. "Não estou me referindo a dizer a eles: 'Ei, vocês têm que pagar US$1 para assistir ao vídeo de música', mas: 'Ei, estou fazendo vídeos de música de qualquer forma. Vocês sabem disso porque vêm me seguindo no YouTube há oito anos. O ano inteiro, vocês sabem o que eu faço. Que tal vocês me patrocinarem?' Vamos fazer arte da maneira como a arte tem sido feita durante milhares de anos, que é: um cara rico dá a um artista um saco com moedas e diz: 'Eu gosto disso. Vá em frente e faça mais.'"

A ideia de Jack era um conceito antigo, readaptado para uma era digital na qual as contribuições poderiam ser espalhadas por muitas pessoas em vez de se originarem de um único patrocinador rico. Ele imaginou criar uma plataforma de *crowdfunding* que pagaria as próprias contas recebendo parcela de 5% das contribuições, uma participação-padrão na indústria.

A essa altura, Kickstarter e Indiegogo já existiam havia anos, mas Jack enxergou uma diferença crucial. Aquelas plataformas tinham sido projetadas para financiar antecipadamente um único evento ou projeto, resultando em um único desembolso a partir de uma única campanha. Sua ideia era ajudar os artistas a serem pagos regularmente, modificando o modelo de *crowdfunding* de doações únicas para doações mensais recorrentes.

Ao contrário da indústria da música, na qual um artista podia lançar um álbum com múltiplas faixas e depois desaparecer por um ou dois anos, o ciclo do YouTube favorece um modelo no qual a produção é sistematicamente distribuída ao longo do tempo. "Na condição de YouTuber, não preciso de dinheiro para um grande projeto e acabou. Eu preciso de um salário para continuar a ser um criador todos os meses da minha vida."

Na cabeça de Jack, o *crowdfunding* poderia se tornar uma assinatura, em vez de uma transação única. O modelo, de certa maneira, se parecia com a agricultura sustentada pela comunidade, no qual as pessoas pagam antecipadamente aos agricultores por uma porção semanal de hortaliças durante a estação do cultivo. Em vez de um caixote de verduras ou uma caixa de ovos, os patrocinadores poderiam ajudar a sustentar a produção constante do trabalho criativo, o alimento para a alma.

Jack esboçou os planos para a empresa em 14 pedaços de papel e enviou-os para seu colega de quarto do primeiro ano da faculdade em Stanford, Sam Yam, especialista em ciência da computação. Sam começou a codificar a nova plataforma naquela noite. Três meses depois, em maio de 2013, eles inauguram a Patreon. Jack acrescentou um aviso automático sobre a formação da empresa no final do seu vídeo de música e finalmente fez o upload dele.

Duas semanas depois, ele estava recebendo dos seus patrocinadores US$5 mil por vídeo.

O modelo da Patreon compartilha raízes filosóficas com uma ideia que Jack me disse ter sido apresentada pela primeira vez no post de um blog pelo editor fundador da revista *Wired*, Kevin Kelly. Seu artigo, intitulado "1.000 True Fans",* escrito em 2008 antes do surgimento das plataformas de *crowdfunding*, como Kickstarter e Indiegogo, propôs um novo modelo financeiro para sustentar uma carreira criativa. "A ideia central de 1.000 True Fans pode ser declarada de uma maneira simples", escreveu ele. "Um criador, como um artista, músico, fotógrafo, artesão, intérprete, animador, designer, *videomaker* ou autor — em outras palavras, qualquer pessoa que produza trabalhos artísticos — precisa apenas conseguir mil verdadeiros fãs para ganhar a vida...

* "1.000 verdadeiros fãs", em tradução livre. (*N. da T.*)

"O verdadeiro fã é definido como alguém que comprará qualquer coisa e todas as coisas que você produzir. Ele dirigirá mais de 300 quilômetros para vê-lo cantar. Ele comprará o box set super deluxe em alta resolução reeditado do seu produto embora tenha a versão em baixa resolução. Ele tem um alerta do Google configurado para seu nome. Ele salva a página do eBay na qual suas edições esgotadas aparecem. Ele comparece às suas estreias. Ele pede para você assinar as cópias dele. Ele compra a camiseta, a caneca e o chapéu. Ele mal pode esperar para que você lance seu próximo trabalho."

No modelo de Kelly, o verdadeiro fã também está disposto a gastar cerca de US$100 por ano para apoiar um artista que ele adore. Mil fãs multiplicados por US$100 proporcionam a um artista uma renda anual de US$100 mil. Ele argumentou que, na era da internet, encontrar mil verdadeiros fãs é um desafio razoável para a maioria dos artistas. "Se você conseguisse um fã por dia, isso levaria apenas três anos", escreveu ele.

Mas o "principal desafio" do modelo é que os artistas precisam se comunicar ativamente com suas bases de fãs. "Muitos músicos querem apenas tocar música, fotógrafos querem apenas tirar fotos ou pintores só querem pintar", mas os criadores ambiciosos de hoje não podem se dar a esse luxo; eles precisam estar presentes para seus fãs.

Quando perguntei a Jack que tipo de criador tende a se sair melhor na Patreon, ele defendeu uma ideia semelhante: "O mais importante é ser um grande gerente comunitário", disse ele. "Essas são as pessoas que realmente arrasam na Patreon. São as pessoas que realmente amam seus fãs e que são realmente amadas por eles." Quando estava criando a Patreon, alguns investidores o pressionaram para criar uma plataforma de *crowdfunding* para músicos famosos, mas ele resistiu. "Eu não estava pensando: 'Vamos atrás de Radiohead.' Eu estava pensando: 'Vamos ajudar as pessoas que amam de paixão os seus fãs e cujos fãs as amam de paixão. Vamos ajudá-las a ganhar dinheiro.'"

Desde sua fundação, em 2013, a Patreon recebeu mais de 2,2 milhões de compromissos em apenas quatro anos, e paga mais de US$ 9 milhões para criadores todos os meses. Os patrocinadores podem escolher contribuir mensalmente ou "por criação", cada vez que um criador fizer o upload de um novo trabalho. Cabe aos criadores comunicar se há algo novo que mereça liberar um conjunto de compromissos dos seus patrocinadores, e estes podem optar por retirar seus compromissos a qualquer hora se sentirem que um criador está abusando do sistema. Os criadores também podem oferecer recompensas escalonadas para os patrocinadores e incentivar as contribuições, como o acesso exclusivo a um conteúdo original ou a trabalhos personalizados. Quando perguntei a Jack com quanto o patrocinador típico contribui, ele disse que, no início, ficou surpreso com o valor. Ele tinha esperado que fosse US$1 por mês, mas acabou ficando em torno de US$11 — ou pouco acima do limite de US$100 por ano do verdadeiro fã de Kelly.*

O artigo de Kelly sugere um novo tipo de economia criativa. Empresas como o YouTube e a Patreon estão criando um espaço entre o superestrelato e a obscuridade que possibilita que as pessoas criativas se sobressaiam, mesmo que não cheguem a um sucesso estratosférico. "Em vez de tentar alcançar o restrito e improvável apogeu dos discos de platina, os best-sellers de megassucesso e o status de celebridade", escreveu Kelly, "[os criadores] podem ter por meta a conexão

---

*Essa contribuição total média geralmente é repartida por mais de um criador. (*N. do A.*)

direta com mil verdadeiros fãs. É um objetivo muito mais sensato. Você pode ganhar a vida em vez de uma fortuna. Você não está cercado por uma moda passageira e por uma obsessão badalada, mas sim por verdadeiros fãs. E você tem uma chance muito maior de efetivamente chegar lá."

"Pela primeira vez na história", me disse Jack, "o YouTube e — não, não vou dizer outras empresas — o YouTube possibilitou que as pessoas dirigissem pequenas empresas de conteúdo. Antes do YouTube, ou você era uma Lady Gaga ou você estava tocando em um bar em troca de cerveja e pizza. Antes do YouTube, ou você era a Fox ou você estava produzindo um filme independente ao qual ninguém jamais assistia e que custava a você US$3 milhões. E depois você entrava com um pedido de falência. E, depois do YouTube, você pode fazer as coisas e as pessoas assistem. Isso é incrível. Isso é espantoso. E isso não existia há dez anos... O que está acontecendo agora é a fragmentação das grandes empresas da mídia e o surgimento de pequenas empresas de mídia por toda parte: podcasting, música, vídeo. E o YouTube está fomentando tudo isso."

Na visão de Jack, a Patreon atua como um aditivo ao combustível que o YouTube fornece para os criadores. Ele quer ajudar os artistas que encontraram seus verdadeiros fãs a ganhar escala e transformar seus canais em pequenas empresas de mídia. "Essas empresas de mídia que estão surgindo — e elas estão surgindo à esquerda e à direita, da RocketJump* à Mythical Entertainment** — não são

---

*Uma companhia que produz shows e filmes com temas de videogames, fundada pelo youtuber Freddie Wong. (*N. do A.*)

** Uma companhia que produz o show diário on-line mais assistido do YouTube, Good Mythical Morning, fundada pelos YouTubers Rhett McLaughlin e Charles "Link" Neal. (*N. do A.*)

grandes empresas", me disse Jack. "São pequenas empresas de mídia, com 14 funcionários, trinta funcionários. E estão ganhando US$6 milhões por ano. E elas precisam de toda a infraestrutura que as pequenas empresas necessitam para prosperar, mas elas são pequenas empresas *de conteúdo*. É como uma nova categoria de pequena empresa que não existia há dez anos. Alguém precisa criar as ferramentas, as estruturas e os dados de análise para que elas prosperem e sejam bem-sucedidas."

Em última análise, a meta de Jack é semelhante à de Hank: democratizar a atividade do artista e convertê-la de uma fantasia remota em uma carreira viável de classe média, conferindo a todas as pessoas uma perspectiva de trabalho que é potencialmente mais gratificante. "Meu sonho", disse Jack, "é ver jovens terminando o ensino médio e dizendo: 'Eu posso ser médico, eu posso ser um criador de podcast, eu posso ser advogado, eu posso fazer vídeos.' Quero que os jovens cresçam sabendo que essas são alternativas, se as desejarem. De fato, você vai dar um duro danado, vai ter que se promover e vai ter que promover seu produto. Mas não importa o que faça, você vai ter que trabalhar muito. Então, seria legal se fosse: 'Se eu trabalhar muito, posso ser músico.'"

Ele se afastou da mesa onde estávamos sentados em uma das salas de reuniões da Patreon. "Nossa, esse seria um mundo incrível. Não estamos lá agora. Estamos quase lá."

Ao longo deste livro, defendi a ideia de que o YouTube tem sido uma maneira incrível de as pessoas encontrarem a fama. A pergunta que este capítulo procura responder é se ele pode propiciar fortuna. É a mesma que Jack enfrentou ao criar a Patreon: um grupo de milhões de seguidores pode se traduzir em uma carreira de milhões de dólares?

A resposta é inequivocamente sim. Há milhões de criadores ganhando mais de seis dígitos por ano exclusivamente com a receita proveniente dos anúncios do YouTube, e esse valor tem crescido em um ritmo constante durante anos (com um aumento de mais de 50% em 2016). E, na qualidade de única empresa que oferece a qualquer criador a oportunidade de ganhar uma parcela da receita da publicidade que ele gera, certamente pagamos melhor do que empresas afins como o Facebook,* Instagram, Twitter e Snapchat. Quando a receita do canal do YouTube se combina com os impressionantes pagamentos que os criadores populares podem receber das parcerias com as marcas, vendas de mercadorias, publicação de livros, turnês e oportunidades da mídia, não há dúvida de que a plataforma foi, e continua a ser, um caminho para a riqueza para milhares de criadores, vários dos quais ganham mais do que seus colegas da televisão ou do cinema.

Na realidade, enquanto indústria, as disciplinas criativas estão crescendo tanto em tamanho quanto em renda em um ritmo mais rápido do que a economia norte-americana. Em um artigo no *New York Times* baseado em uma excelente pesquisa, o jornalista Steven Johnson analisou informações do Departamento de Estatísticas do Trabalho

*No momento em que redijo estas linhas, o Facebook fechou acordos com grandes empresas da mídia e celebridades para a utilização do Facebook Live e está avaliando opções de pagamento para a postagem de vídeos, embora nenhum plano até agora tenha sido anunciado. (*N. do A.*)

dos Estados Unidos e do Censo dos Estados Unidos para avaliar o sucesso financeiro de artistas na era da internet. Embora artistas em ambas as pontas do espectro financeiro tenham sido eloquentes com relação à internet ser um desastre como um meio de vida artístico, Johnson revelou que a classe criativa tinha superado em grande medida o desempenho da economia entre 1999 e 2014. Não apenas a renda anual do setor criativo* cresceu 2% mais rápido do que a média nacional, como também a renda desse setor efetivamente aumentou e passou a representar uma parcela maior da economia norte-americana, indo de 1,2 para 1,3%.

Quando examinei as informações sobre 2015, os números mais recentes disponíveis, o setor criativo tinha atingido uma parcela ainda maior, quase 1,4% de todos os empregos do país. E isso antes de considerarmos os criadores que trabalham por conta própria; o número destes cresceu mais de 50% entre 1997 e 2012,** enquanto a força de trabalho total só aumentou cerca de 10% durante esse período.

Não estou querendo sugerir que todo mundo pode ficar rico no YouTube ou que aqueles que não ficam simplesmente não estão se esforçando o suficiente. Compreendo e me solidarizo com muitas pessoas que se encontram na mesma situação que Jack um dia se encontrou, ou seja, que sentem que a contagem das suas visualizações deveria se alinhar mais estreitamente com sua conta bancária. Na realidade, os criadores da internet em dificuldade financeira frequen-

*Como definido pelo grupo de código principal 27-0000 nas Estatísticas de Emprego Ocupacional do Departamento de Estatísticas do Trabalho dos Estados Unidos. (*N. do A.*)

**As estatísticas do censo econômico são atualizadas apenas a cada cinco anos, de modo que estatísticas mais recentes não estavam disponíveis. (*N. do A.*)

temente precisam enfrentar uma situação desagradável que muitas personalidades da mídia tradicional não enfrentaram: a fama pública sem fortuna.

Hoje, muitas estrelas da mídia social vivem em um limbo no qual são famosas o bastante para serem reconhecidas em público porém não tão bem-sucedidas a ponto de poder depender apenas da sua carreira na internet para sobreviver. Em 2015, a YouTuber Gaby Dunn escreveu um artigo intitulado "Get Rich or Die Vlogging",* no qual ela discutiu abertamente essa dinâmica, citando o constrangimento que a atriz Brittany Ashley sentiu quando teve de servir bebidas em uma festa Golden Globes da BuzzFeed depois de estrelar em vários videos virais para a empresa.** "Muitas estrelas famosas da mídia social têm muita visibilidade para ter empregos 'reais', porém não têm dinheiro suficiente para não tê-los", assinalou Dunn.***

No ponto de vista de Jack, as pessoas estão tão acostumadas à dicotomia da celebridade e do artista faminto que não se deram conta de que ela está ultrapassada. "A fama costumava ser binária, agora é espectral", disse ele. Nesse espectro, há uma faixa na qual a popularidade não corresponde ao sucesso financeiro. Esta é a faixa que Jack e Pomplamoose ocuparam durante anos, faixa esta que ele acha que a Patreon pode ajudar a socorrer.

---

*"Fique Rico ou Morra Vlogando", em tradução livre. (*N. da T.*)

**No documentário do YouTube Red a respeito de criadores, *Vlogumentary*, a própria Gaby é reconhecida enquanto atua como mensageira para a Postmates. (*N. do A.*)

***Se você morou em Los Angeles por tempo suficiente, é bastante provável que tenha sido servido por um garçom que você reconheceu de um antigo programa da televisão ou andado no carro de um motorista de Uber que escreveu alguns roteiros de sucesso no auge da carreira. Porém, na maioria dos casos, esses encontros ocorrem muito mais tarde na carreira do artista, depois que sua fama declinou junto com a fortuna. (*N. do A.*)

Mas isso não quer dizer que o YouTube esteja parado. É claro que estamos trabalhando para desenvolver nossa principal fonte de receita, a publicidade de vídeo. À medida que competimos com sucesso por uma fatia maior do mercado global de publicidade de US$200 bilhões, o montante que pagamos aos nossos criadores aumentará, bem como o total de criadores que somos capazes de apoiar. Desde que ingressei no YouTube, a receita dos parceiros aumentou, em média, mais de 50% ao ano. Ainda assim, com milhões de criadores ganhando dinheiro no YouTube, precisaríamos basicamente nos tornar a primeira empresa de US$1 trilhão do mundo a pagar a todos eles um salário de seis dígitos.* Alguns argumentam que o YouTube deveria pagar uma participação maior da receita do que a oferecida, mas esse cálculo intimidante de US$1 trilhão ainda seria válido mesmo que administrássemos a empresa como uma instituição beneficente. Simplesmente não há dinheiro suficiente em publicidade no mundo capaz de sustentar o número de criadores que vivem na nossa plataforma.

Isso significa explorar outras opções.

No caso dos criadores que não estão incluídos nas classificações mais elevadas do YouTube, é fundamental que eles procurem, se possível, diversificar sua renda com a venda de mercadorias, turnês, podcasts, acordos diretos de patrocínio e outras oportunidades lucrativas complementares. Essa abordagem não é diferente da da televisão, onde a não ser que você seja a Juíza Judy** (cujo contrato era de colossais US$47 milhões em 2016), os endossos representam uma fonte significativa da sua renda.

---

*Não que não estejamos tentando! (*N. do A.*)

**Do *reality show* americano *Judge Judy*. (*N. da T.*)

Quando se dirigiu a um grupo dos nossos maiores anunciantes, John Green lhes disse que ele e seu irmão ganham mais dinheiro com as vendas de mercadorias do seu canal do que com os anúncios. Na realidade, ele afirmou que a propaganda compõe apenas 20% da sua receita total, e essa proporção vem declinando com o tempo. Como mencionei no último capítulo, não existe um caminho definido para o sucesso no YouTube, mas praticamente todos os criadores o encontraram ganhando dinheiro de várias maneiras.

Para o YouTube, isso significa explorar um novo modelo de negócios, modelo esse que representa como a maior parte do dinheiro é ganho hoje na mídia: as assinaturas.

Historicamente, a indústria da mídia sempre dependeu principalmente de três fontes de receita: publicidade, transações e assinaturas. Os jornais e as revistas publicam anúncios impressos, vendem os exemplares nas bancas de jornais e entregam as edições impressas diretamente aos consumidores. As redes de televisão ganham receita com os comerciais, vendas de DVDs e taxas de filiação das empresas de TV a cabo e via satélite (originárias dos assinantes de TV a cabo e via satélite).* E a música, que antes se resumia a um negócio de vender discos e CDs, hoje ganha mais dinheiro com transações digitais, publicidade e assinaturas.

À medida que o streaming tornou a propriedade das cópias físicas de música e vídeos menos desejáveis, a rele-

*A taxa de filiação mais elevada vai para a ESPN, que recebe, segundo as estimativas, US$ 6,61 de cada assinante de TV a cabo, quer ele assista ou não à ESPN. (*N. do A.*)

vância da receita das transações está diminuindo,* enquanto os fluxos de receita da publicidade digital e das assinaturas aumentaram.

O YouTube se ergueu amparado na publicidade de vídeo, e isso se manterá na essência do nosso negócio; é isso que nos permite oferecer gratuitamente nosso conteúdo para um número crescente de pessoas ao redor do mundo. Mas, por melhor que a experiência gratuita do YouTube possa ser, as iniciativas de empresas como Netflix e Spotify demonstraram que as pessoas gostam de características *premium* e estão dispostas a pagar por elas.

Se as pessoas estariam ou não dispostas a abrir a carteira para pagar por música, filmes ou programas de televisão era uma questão um tanto aberta. Muitos questionavam se os millennials, que atingiram a maioridade durante o auge do Napster, dos serviços de compartilhamento de arquivos e da mídia social, poderiam ser convencidos a abrir a carteira para pagar pelo entretenimento. Mas motivar as pessoas a pagar por coisas das quais elas gostam é um modelo de negócios bastante durável. E motivá-las a pagar uma taxa fixa por uma assinatura proporciona uma fonte de renda mais confiável do que um montante recebido por meio de transações esporádicas.

O crescimento dos serviços por assinatura foi estimulado pelo smartphone. De acordo com uma pesquisa realizada pela Activate, uma empresa de consultoria da mídia, as assinaturas estão se tornando o modelo de negócio dominante

*Uma eminente exceção é o negócio de publicação de livros, no qual nem o modelo de publicidade nem o de assinatura se consolidou com sucesso. Até mesmo as vendas de livros eletrônicos declinou nos últimos tempos, enquanto as vendas transacionais tradicionais das edições em capa dura e brochura aumentaram. (*N. do A.*)

na economia móvel. Em 2011, apenas 17% da receita obtida pelos cem principais aplicativos que não são de jogos eram provenientes de assinaturas. O restante vinha de uma taxa de transação única de download ou de um modelo *freemium*, no qual as pessoas podem pagar para desbloquear mais recursos dentro de um aplicativo gratuito.*

Mas já em 2016, esse coeficiente tinha mudado; a receita de transações e recursos *freemium* praticamente desapareceram dos aplicativos de jogos, enquanto a receita oriunda de assinaturas subiu rapidamente para 86% do total da receita dos aplicativos. A maioria dos aplicativos de assinatura com maiores receitas era de streaming de vídeo e serviços de música, como HBO NOW e Pandora, mas também o *New York Times* e o *Washington Post*. Na realidade, depois que o *New York Times* lançou uma assinatura digital em 2011, a receita dos assinantes superou a dos anunciantes pela primeira vez na história do jornal.

Mas as assinaturas não estão explodindo apenas na mídia. Quase todas as experiências, como namoro (Tinder), meditação (Headspace) e cuidados pessoais masculinos (Dollar Shave Club), estão se transformando em assinatura. Hoje, você pode assinar energia solar (Sunrun), relógios caros (Eleven James) ou jantar (Blue Apron). Com os donos de smartphones agora bastante familiarizados com a ideia de pagar todos os meses uma quantia significativa pelos seus planos de voz e de dados, acrescentar algumas assinaturas com um preço moderado não parece tão intimidante, especialmente quando elas podem ser configuradas com apenas alguns toques na

*Os aplicativos de jogos obtêm sua receita quase que inteiramente por meio do modelo *freemium*, motivo pelo qual foram excluídos desta análise. *(N. do A.)*

sua tela. Esse nível de conforto para o consumidor tornou as assinaturas tão importantes para a economia móvel quanto a publicidade digital é para a economia da internet.

É claro que os serviços por assinatura têm suas desvantagens. Eles podem ter dificuldade para ganhar espaço sem um "funil", ou uma base de usuários gratuitos que possam ser persuadidos a pagar. É por isso que muitas empresas oferecem primeiro um serviço gratuito, sustentado por anúncios, antes de evoluir para os serviços por assinatura. Os modelos de negócios por assinatura também resultam em uma "rotatividade" mais alta que os serviços gratuitos, pois há usuários que param de repente de usar o serviço. E os modelos de negócios por assinatura requerem todo um conjunto de habilidades de relacionamento direto com o consumidor, desde a cobrança do pagamento ao serviço até o consumidor especializado, que muitas empresas não possuem.

Mas, se essa rotatividade não ocorrer, as assinaturas tendem a se tornar uma parte tranquila e recorrente do orçamento. No caso das empresas de mídia que dependem da publicidade, essa estabilidade pode ser ainda mais importante durante os períodos de retração econômica, quando os orçamentos da publicidade corporativa tendem a ser os primeiros a ser drasticamente reduzidos. Embora pudéssemos esperar que os consumidores conscientes do seu orçamento limitassem suas despesas com entretenimento durante os períodos difíceis, as indústrias de TV a cabo e de telefonia móvel se revelassem extraordinariamente resilientes durante a Grande Recessão, assim como a Netflix e a Amazon Prime.

Por conseguinte, com um funil global de 1,5 bilhão de pessoas — e o desejo de muitos dos nossos espectadores de ter uma experiência sem anúncios —, resolvemos criar uma versão *premium*, baseada em assinaturas, da plataforma que, com o tempo, viemos a chamar de YouTube Red.

O YouTube Red passou por várias versões antes de ser lançado. Ele foi originalmente imaginado como uma assinatura musical, projetada para competir com Spotify e Pandora, porém oferecendo vídeos de música sem anúncios, em vez de apenas áudio. Além do disco oficial e das faixas isoladas encontrados em qualquer serviço de streaming de música, nossa versão também ofereceria os milhões de covers, remixes e amostras disponíveis no YouTube. Para fazer isso, nossas equipes executaram a colossal tarefa de catalogar todas as faixas de música no YouTube e limpar seus metadados associados. Finalmente, lançamos uma versão beta do produto, chamada YouTube Music Key, em 2014, proporcionando aos usuários a capacidade de assistir a vídeos de música sem anúncios e baixá-los nos seus celulares para poder vê-los off-line.

Logo descobrimos que os usuários beta ficaram frustrados com o limite que havíamos imposto entre os vídeos de música e o restante do YouTube. Por mais que tentássemos categorizar nossos vídeos em nichos musicais e não musicais, nossos espectadores ainda se deparavam com casos limítrofes. E se a música de que eles realmente gostassem fosse uma composição original que tocava em segundo plano em um vídeo de skate ou em um clipe animado? Por que eles não podiam assistir a esses vídeos sem anúncios? Por que não podiam baixar essas faixas para seu telefone para assistir off-line?

Compreendemos que a melhor experiência para os espectadores não era criar um firewall entre a música e todo o resto, mas sim criar uma oferta *premium* que abrangesse a totalidade do YouTube. Assim, em 2015, iniciamos o longo e árduo processo de assinar novos contratos com todos os nossos milhões de parceiros, a fim de oferecer o seu conteúdo como parte de um novo serviço de assinatura. Nascia o YouTube Red.

Por US$10 por mês, uma assinatura Red deixaria os espectadores assistirem ao YouTube sem anúncios, baixar os vídeos para seu computador ou celular e ouvi-los em segundo plano enquanto usavam outros aplicativos. Essa taxa mensal de assinatura seria dividida entre os criadores com base em quanto tempo as pessoas passavam assistindo aos seus vídeos. E o custo de uma assinatura garantiria que os parceiros receberiam uma receita maior de um membro do YouTube Red que assistisse ao seu vídeo do que de um que assistisse ao vídeo de graça com anúncios.

Desde o início, imaginamos o YouTube Red como uma assinatura projetada para agradar às pessoas que assistiam aos vídeos no celular. Embora seja possível assistir no celular aos serviços de assinatura de vídeos como Netflix e HBO NOW, é provável que a maior parte do consumo desses serviços ocorra na televisão ou em tablets, por ser melhor assistir a um conteúdo de média e longa duração como filmes ou séries em uma tela maior, onde podemos nos sentar confortavelmente e relaxar.

A proposta do YouTube Red é diferente; ele está mais sintonizado com as necessidades da pessoa que assiste aos vídeos em um telefone celular do que daquela que está sentada diante da televisão. Os vídeos do YouTube são mais curtos do que o programa ou filme típico, e por isso são melhores para serem vistos durante um período de atividade, nas partes do dia em que temos algum tempo livre, mas não dispomos necessariamente de meia hora. A mobilidade também é importante se estivermos assistindo a um vídeo com dicas práticas, quando é fundamental poder levá-lo conosco para debaixo da pia ou para a garagem. E os recursos *premium* do YouTube Red, como poder assistir aos vídeos off-line e escutar o conteúdo em segundo plano são características que dão essencialmente a preferência à mobilidade.

Para aumentar a vantagem de uma adesão ao YouTube Red, começamos a investir na produção de uma programação original: programas, filmes e documentários que destacavam alguns dos nossos maiores criadores. Neste caso, uma vez mais nos afastamos do caminho seguido pela Netflix, HBO e até mesmo pela Amazon. Embora elas tenham se concentrado principalmente em financiar títulos chamativos com grandes orçamentos, escolhemos nos concentrar primeiro em criar títulos em torno de celebridades e gêneros que já são populares na nossa plataforma. É um modelo que se baseia em agradar aos fãs do YouTube, oferecendo a eles algo que se desenvolve a partir dos gostos deles.

Os primeiros resultados do YouTube Red foram promissores, atraindo um número de assinantes acima de nossa meta. E o passo em direção às assinaturas foi aplaudido por pessoas como Hank e John Green, que questionam abertamente se a publicidade é o melhor modelo de negócios para os vídeos on-line.

Parte do argumento deles tem a ver com valor do montante atual que a publicidade fornece aos criadores em comparação com as redes de televisão. Quando visitou nossa sede, Hank descreveu uma situação enquanto falava sobre as perspectivas da publicidade no YouTube. "Estranhamente", disse ele, "na minha minúscula cidade,* há duas empresas de produção. A minha empresa de produção do YouTube e uma empresa de produção de reality shows para a televisão. Provavelmente obtemos dez vezes mais visualizações do que eles; eles provavelmente ganham dez vezes mais do que nós."**

Mas, além do dinheiro, Hank e John argumentaram que o modelo de publicidade encerra um defeito mais amplo: como a publicidade é mais eficaz quando vista pelo maior número de pessoas possível, ela prefere um conteúdo de grande apelo popular, o que vai contra o espírito do YouTube, que abraça o nicho.

"A arquitetura da internet social sempre favorece mais", explicou-me John. Mais cliques, mais visualizações, mais curtidas, mais compartilhamentos. Em vez de dar preferência ao conteúdo que oferece uma perspectiva interessante ou nos instrui, a propaganda prefere o conteúdo que instiga nossas emoções mais desprezíveis, como o choque, o prazer de ver o sofrimento dos outros, a excitação e nosso amor pelo que é "fofo". Em outras palavras, pegadinhas e fracassos, bumbuns e seios, crianças e gatinhos.

"Quando examinamos o BuzzFeed, vemos que as opções das pessoas para responder a um artigo são LOL, WTF, CUTE, FAIL, OMG", comentou John. "Nunca há um botão de nuance. Nunca há um botão 'Obrigado por me fazer refletir sobre a complexidade disto'."

---

* Missoula, Montana. *(N. do A.)*

**Ele acrescentou: "Ao mesmo tempo, somos donos de todo o nosso conteúdo. Fazemos o que queremos, do jeito que queremos. E decidimos o que fazer com ele uma vez que esteja pronto. E se ele continuar a gerar dinheiro para sempre, nós continuamos a ganhar dinheiro para sempre." *(N. do A.)*

A concorrência entre o que nós, no YouTube, chamamos de conteúdo "delicioso" e "nutritivo" já existe há muito tempo. Quando o site foi criado, uma das primeiras decisões dos fundadores foi proibir pornografia, temendo que ela se tornasse uma erva daninha que engoliria rapidamente o site. Anos depois, quando foram construídos algoritmos para recomendar os vídeos com o maior número de visualizações, vários clipes com títulos ou *thumbnails* duvidosos ascenderam ao topo. As pessoas clicavam em um vídeo, achando que se tratava do trailer de um filme, um destaque esportivo específico ou um programa de notícias, mas se deparava com um usuário discutindo esse conteúdo ou até mesmo algo sem qualquer relação com o assunto. Trabalhamos para eliminar o spam e, particularmente, as iscas de cliques grosseiras (um esforço contínuo), mas ficou claro que uma medida mais drástica era necessária.

Depois de muita discussão interna, decidimos modificar nossos algoritmos para que começassem a privilegiar o tempo que as pessoas passavam assistindo a um vídeo (tempo de visualização), e não o número de vezes que elas assistiam (visualizações). A quantidade de tempo que um espectador estava disposto a passar assistindo parecia ser um indicador melhor do quanto ele valorizava esse conteúdo, pois os vídeos nos quais as pessoas simplesmente clicavam mas de que não gostavam eram incluídos na contagem simples das visualizações, na qual o tempo de visualização não era incluído.

No dia em que fizemos a troca dos nossos algoritmos para que passassem a privilegiar o tempo de visualização, notamos uma queda assustadora, de quase 20%, no total de visualizações. Não é exagero afirmar que muitas pessoas na empresa surtaram. No entanto, por trás dessa queda, pudemos ver que o mesmo número de pessoas continuava a vir para o YouTube e, na realidade, estavam assistindo mais. A troca obteve o efeito pretendido: o tempo total de visualização aumentou, sinalizando que mais pessoas estavam assistindo aos vídeos do YouTube por períodos mais longos. O foco no tempo de visualização nos ajudou, aos poucos, a cruzar um importante marco em 2016, com espectadores assistindo diariamente a 1 bilhão de horas no YouTube.*

Ainda assim, mesmo com uma mensuração e incentivos melhores, as considerações de John a respeito do conflito entre a publicidade e o mérito artístico ou intelectual persistem. É difícil ouvir o ponto de vista dele e não pensar na decisão do Facebook de preferir os posts dos amigos e da família nos seus feeds de notícias aos artigos de veículos jornalísticos consagrados. Já que as plataformas competem pela sua atenção, não é do interesse delas oferecer apenas o que é delicioso em detrimento do que é nutritivo?

Por sorte, tanto nos vídeos on-line quanto na vida, uma dieta apenas de sobremesa não satisfará a todos. O que aprendemos com nossos espectadores é que, embora alguns possam se satisfazer com iscas de cliques, a maioria tem gostos diversos, como múltiplas assinaturas em um leque de categorias de conteúdo. No que diz respeito às recomendações, com frequência o tipo de vídeo ao qual você está mais propenso a assistir em seguida não é alguma outra versão do que você acaba de ver, mas sim algo inteiramente diferente, e é nosso interesse lhe servir um pouco de brócolis

---

* Uma excelente descrição de como atingimos essa meta está no livro *Measure What Matters*, de John Doerr e Kris Duggan. (*N. do A.*)

entre os seus cupcakes. E embora haja alguns anunciantes preocupados apenas em fazer com que as pessoas arregalem os olhos, outros querem que suas marcas sofisticadas só estejam associadas a um conteúdo sofisticado (e eles também pagam melhor por isso).

No fim das contas, acredito que o YouTube tem a responsabilidade de preservar nossas diretrizes comunitárias que impedem a postagem de spam, golpes, conteúdo nocivo ou perigoso, vídeos pornográficos e sexualmente explícitos, violência explícita, conteúdo odioso e ameaças. Além disso, é claro, acredito que temos a responsabilidade de defender e respeitar a lei de direitos autorais. Mas além dessas restrições, creio que não temos o direito de questionar o que se torna popular na nossa plataforma, seja uma discussão sutil sobre a crise dos refugiados, o trailer do último filme da Marvel ou um tutorial de Minecraft de duas horas de duração.

A união do consumismo com a arte sempre foi inconstante. De vez em quando, eles parecem se harmonizar perfeitamente — Nirvana se torna a banda mais popular nos Estados Unidos, os filmes da Pixar explodem nas bilheterias, a série *Sopranos* bate recordes de audiência na HBO. Mas, em geral, é o delicioso, e não o nutritivo, que se torna mais popular. E isso é compreensível. Nós nos esforçamos ao máximo no YouTube para oferecer o sistema mais meritocrático possível e, como todo mundo, esperamos para ver o que chega ao topo.

10. "Isto acaba de ser carregado..."

Vice, *Storyful* e o novo setor do setor das notícias

Em 2012, compareci à primeira Abu Dhabi Media Summit [reunião de cúpula da Abu Dhabi Media], organizada pelo emirado para reunir executivos das áreas de mídia, tecnologia e finanças. A reunião aconteceu no luxuoso hotel Emirates Palace, poucas semanas depois de um curta-metragem anti-islâmico chamado *The Innocence of Muslims* do YouTube ter sido reproduzido, traduzido para o árabe e transmitido na mídia egípcia. Protestos em reação ao vídeo haviam se propagado pela região, e embora eu não estivesse preocupado com a minha própria segurança, lembro-me de que foi uma época complicada, em que política, mídia e notícias colidiram de uma maneira que obscureceu o que estava realmente acontecendo.

Quando terminei minha participação em uma mesa-redonda, vaguei pelo imponente Palace em busca de algo para comer. Quando entrei no restaurante Hakkasan, ouvi uma voz grave vindo da direção do bar. "Senhorrrrr Kyyyynnn-cyllllll", bradou um homem, em um tom que indicava felicidade por ter finalmente reconhecido alguém. Eu me virei e vi um homem alto e forte ao lado do que logo vim a saber que era uma garrafa de vinho muito cara. Tratava-se de Shane Smith, o CEO e cofundador da Vice Media.

Àquela altura, eu conhecia Shane havia uns dois anos, tendo fechado um negócio com ele para lançar um canal do YouTube voltado para os millennials baseado em alguns dos vídeos polêmicos que a Vice tinha feito para seu antigo site de vídeos on-line, o VBS.tv. A Vice começara como uma marca conhecida principalmente por glorificar um estilo de vida de sexo, drogas e *rock'n roll*, mas quando encontrei Shane em Abu Dhabi, ele começara a articular a mudança da marca para algo mais sério.

Conversamos sobre as reportagens que tínhamos visto a respeito dos recentes protestos e como, apesar da cobertura mundial, ninguém parecia saber que diabos estava acontecendo. Shane também me falou a respeito da série da revista de notícias da HBO na qual ele começara a trabalhar e de quanto tempo de filmagem eles tiveram disponível depois de editar o programa. Ao mesmo tempo, a Vice tinha criado escritórios em mais de trinta países, com milhares de freelancers trabalhando para ajudar a alimentar sua crescente audiência com conteúdo. "Temos todos esses jovens ao redor do mundo que poderiam estar fornecendo informações sobre as coisas", me disse ele. "Então, tive a seguinte ideia", acrescentou, inclinando-se para a frente. "Notícias no YouTube."

Ele falou sobre a suposição equivocada de que os jovens não se importam com as notícias, especialmente as notícias internacionais, e que eles não assistem a nada que dure mais do que alguns minutos. Concordei de imediato com o que ele disse, porque eu sabia de primeira mão o quanto a sabedoria convencional estava errada ao examinar as informações do YouTube. Embora os millennials pudessem não estar assistindo às redes de notícias da TV a cabo, eles decididamente consumiam notícias. Estavam assistindo à filmagem em primeira mão da guerra civil irrompendo na Síria, a um feed ao vivo do Laboratório de Propulsão a Jato da NASA depois que os seus cientistas aterrissaram a sonda *Curiosity* no planeta Marte e à filmagem que vazou da declaração de Mitt Romney de que 47% dos norte-americanos jamais votariam nele porque dependiam do governo. Segundo Shane, o tempo médio que as pessoas passavam assistindo ao conteúdo da Vice era superior a 17 minutos, um tempo enorme em comparação com outros sites.

A conversa progrediu, e depois de algumas taças de vinho, concordamos em lançar um novo canal. Ofereceríamos notícias para os millennials. A Vice News tinha nascido. No dia seguinte, Shane anunciaria a ideia durante uma entrevista em um dos palcos do evento.

Pagamos a conta, e a combinação do *jet lag* com o vinho tinto me fez voltar para meu hotel e descansar um pouco. "Ah, droga", eu me lembrei. "Não tenho um serviço de carro."

"Tudo bem, você pode usar o meu", disse Shane. Ele estava hospedado no Palace.

Eu me despedi dele, agradeci e me encaminhei para a entrada principal do hotel, deixando o lobby com ar condicionado e saindo para a noite quente do deserto. Caminhei até o posto dos manobristas e pedi a um atendente o carro de Shane Smith. Imaginei que fosse esperar alguns minutos, mas ele me disse que seria bem rápido porque o carro estava estacionado perto da entrada. Quando o motorista chegou, entendi: o carro de Shane era um Rolls-Royce Phantom branco.

Considerando as origens da Vice, os detalhes luxuosos mostram o quanto Shane e os outros fundadores avançaram. Antes de ser uma empresa da mídia, a Vice foi uma armação de assistência social. Ela foi fundada em 1994 como uma revista gratuita chamada *Voice of Montreal*, por Suroosh Alvi, Gavin McInnes e Shane para tirar proveito de um programa de assistência social para o trabalho. O governo pretendia que a *Voice of Montreal* fosse uma espécie de boletim cultural para a cidade, mas os três estavam muito mais interessados na contracultura de Montreal, escrevendo a respeito dos cenários de música punk e hip-hop, e do estilo de festas barra-pesada com drogas e prostituição que os cercavam.

Com o tempo, a *Voice* se tornou *Vice*, à medida que a perspectiva da primeira pessoa da revista e o ponto de vista editorial ousado e instigante atraía mais leitores. Desde o início, Shane demonstrou seu dom para fazer negócios, ajudando a publicação a conseguir a compra de anúncios de grandes selos musicais e marcas voltadas para os jovens. Mas, para se expandir ainda mais, a empresa precisaria de capital. Em uma entrevista para um jornal canadense, Shane disse que um milionário tecnológico local, Richard Szalwinski, estava em negociações para comprar a revista. Isso era mentira, mas atraiu a atenção de Szalwinki e o levou a comprar uma participação na revista e a financiar a mudança dela para Nova York.

A estratégia inicial da Vice foi passar a atuar no varejo, com a inauguração de butiques em Nova York, Los Angeles e Toronto que usavam a marca audaciosa e realista da revista para vender roupas. No entanto, o estouro da bolha da internet levou Szalwinski a sair da Vice e vender sua participação de volta para os fundadores, levando-os, com o tempo, a fechar suas lojas e se mudar de Manhattan para Williamsburg, no Brooklyn.

Embora a empresa estivesse endividada, a mudança foi positiva e ajudou os donos a reajustar seu foco na produção de conteúdo, tanto impresso quanto on-line, enquanto também fundavam um selo musical. Seu estilo editorial irônico, ajustado às tendências (camisas axadrezadas, tatuagens, barba), bom gosto musical (Bloc Party, The Streets, Justice) e a atitude rebelde ajudaram a definir a cultura descolada, transmitida do Brooklyn para o resto do mundo por meio do site da revista, Viceland.com. Embora a revista física tenha levado dez anos para atingir uma circulação de 1 milhão, ela atingiu esse número on-line no seu primeiro ano.

À medida que voltou a ser lucrativa e pagou sua dívida, a empresa logo se expandiu internacionalmente, cultivando uma equipe internacional de repórteres, fotógrafos e videógrafos para alimentar o crescente perfil da Vice on-line. Spike Jonze, um cineasta premiado, ajudou na transição da publicação impressa e de fotografia para o vídeo, atuando no desenvolvimento de habilidades de produção interna e depois apresentando os fundadores a Tom Freston.

Tom é uma lenda na mídia; foi cofundador da MTV antes de se tornar seu primeiro diretor de marketing. Ele trabalhou para lançar a mais bem-sucedida campanha publicitária da história da TV a cabo; astros do rock como Mick Jagger e Billy Idol diziam aos jovens que telefonassem para suas operadoras de TV a cabo e gritassem: "Eu quero minha MTV!" Praticamente da noite para o dia, a MTV deixou de ser uma rede que mal se pagava, porque era distribuída em um número reduzidíssimo de mercados, e se tornou uma rede de alcance nacional. Tom foi logo promovido a presidente e CEO da MTV Networks e durante um período incrível de 17 anos, lançou a VH1, a Comedy Central e a TV Land, entre outras redes, e apresentou a mundo a série *Na real, Bob Esponja, Beavis and Butt-Head, The Daily Show,* e *Jackass.*

Foi Spike que chamou a atenção de Tom para Johnny Knoxville e a equipe de *Jackass.* Spike conhecera o grupo no cenário de skate do sul da Califórnia depois que eles também tinham fundado uma revista. Depois que a MTV comprou *Jackass,* Spike se tornou um produtor executivo. Anos depois, ele faria o mesmo com Shane e a *Vice.*

"Devo admitir que eu não conhecia [a *Vice*] naquela época porque ela estava envolvida com butiques", me disse Tom. "Mas eles me explicaram a visão deles, que era: 'O que o YouTube começou e ninguém mais está fazendo é vídeo de qualidade na internet com um ponto de vista, uma atitude e um certo estilo'".

Na época, a Vice só tinha feito um vídeo, uma compilação em DVD de vários documentários curtos, na primeira pessoa, chamado *The Vice Guide to Travel,* editado por Spike. No primeiro episódio, Suroosh Alvi percorre a Passagem de Khyber para chegar a um dos maiores mercados de armas ilegais do mundo, em Peshawar, no Paquistão. Em outro episódio, um correspondente da *Vice* passeia pelas favelas do Rio de Janeiro com roupas formais e evita um tiroteio antes de ir dançar em uma festa ao ar livre organizada por uma das facções locais do tráfico de drogas. Um dos episódios de maior destaque mostra um Shane de aparência jovem com o cabelo longo e um brinco embebedando-se em uma viagem de trem para Chernobyl. Ao chegar lá, ele perambula sem rumo por um parque de diversões e prédios abandonados, fazendo comentários sobre o absurdo da era nuclear enquanto um contador Geiger tiquetaqueia com leituras assustadoras em segundo plano. O episódio termina com ele e uma correspondente disparando metralhadoras fora de vista da câmera no que Shane afirma serem javalis mutantes.

"Eu realmente gostei do que vi", declarou Tom. "Achei que não tinha ninguém na empresa capaz de fazer o que eles estavam fazendo. Havia uma certa autenticidade a respeito deles. E Shane é um cara imponente. Ele é um excelente negociador e motivador. Ele é muito bem-informado, instruído, um grande estudante de história. E tem bons instintos criativos."

Shane disse a Tom que a Vice queria deixar de ser uma publicação impressa e se transformar em uma grande marca para jovens, e que ele queria aproveitar o poder do YouTube e da internet para aprimorar as habilidades de produção de vídeo da empresa. Spike convenceu Tom do talento do grupo para contar histórias, o que levou a Viacom a fundar um empreendimento conjunto com a Vice Media chamado VBS.tv.

A VBS.tv se tornou o grande laboratório de vídeos on-line da Vice Media. Seus membros produziram documentários que estrearam em festivais de cinema e começaram até mesmo a fazer filmes de longa-metragem. No entanto, Tom foi logo demitido da Viacom,* e o novo comando da empresa

*A saída de Tom foi um evento atordoante. Foi amplamente divulgado que o chefe de Tom, Summer Redstone, ficou aborrecido porque a Viacom tinha rejeitado a oportunidade de comprar o MySpace por US$580 milhões. O MySpace foi vendido para a News Corporation, uma decisão que Rupert Murdoch mais tarde reconheceria ter sido um "grande erro". (*N. do A.*)

"não queria lidar com essas caras tatuados", relatou-me. Isso se revelou um golpe de sorte. Possibilitou que Shane, após algum tempo, recomprasse a participação de 50% na VBS.tv que era de propriedade da Viacom e começasse a postar seus vídeos no YouTube. Tom logo se juntou à Vice Media como investidor e consultor, ajudando a jovem empresa a levantar dinheiro e concretizar sua visão de criar uma marca de vídeo *premium* para a internet.

Em 2009, a Vice Media iniciou uma parceria com a CNN para começar a produzir vídeos para o site de notícias da empresa, o que incluiu um novo episódio de *The Vice Guide to Travel*. Dessa vez, Shane e uma equipe mínima de mais duas pessoas voaram para a Libéria, um país que ainda estava cambaleante, saindo de sua segunda guerra civil em duas décadas. As guerras eram notórias pelo envolvimento de crianças soldados forçadas a se viciar em drogas como uma forma de serem controladas. Embora o conflito já tivesse terminado quando Shane chegou e o ex-presidente do país, Charles Taylor, estivesse sendo julgado em Haia por crimes de guerra, havia rumores de que outra guerra civil poderia irromper quando as tropas de paz da ONU partissem no ano seguinte. Shane queria ver o estado de coisas com os próprios olhos.

A página do site da CNN com um link para o vídeo começa com uma nota editorial: "A equipe da CNN.com se interessou pelo jornalismo da Vice, uma empresa de mídia e website independente sediada no Brooklyn, em Nova York. A VBS.TV é a rede de televisão de banda larga da Vice.

As reportagens, produzidas exclusivamente pela Vice, refletem uma abordagem muito transparente do jornalismo, nas quais os espectadores são conduzidos ao longo de cada passo do processo das reportagens. Acreditamos que essa abordagem singular de reportagem mereça ser compartilhada com nossos leitores na CNN.com. Recomenda-se discernimento ao espectador."

A filmagem é ao mesmo tempo surreal e impiedosa. Começa com Shane encontrando-se com seu mediador local, um jornalista canadense chamado Myles Estey, que veio diretamente do hospital depois de se recuperar de mais um acesso de malária. Ele leva a equipe a uma prisão na zona de meretrício para que conheçam um ex-líder militar cujo apelido era "General Bin Laden".* Depois de falar com o líder militar, a equipe se dirigiu à favela mais pobre do país, West Point, onde, sem sistema de água e esgoto, só resta aos cidadãos usar a praia como banheiro público. Eles filmam crianças usando heroína, visitam um prostíbulo no qual falam em abuso da parte dos membros das tropas de paz da ONU, e tudo isso acontece antes que eles conheçam um líder militar que se tornou um pastor evangélico. Esse líder, que levara crianças soldados para o combate, agora tentava reabilitá-las. O homem, Joshua Blahyi, era conhecido como "General Butt Naked"** por ir para o combate completamente nu. Enquanto é filmado, ele fala a respeito de ter comido carne humana durante a guerra. O documentário, que você encontra no YouTube com o título *The Cannibal Warlords of Liberia* [Os senhores da guerra canibais da Libéria, em

*Para proteger sua identidade, os líderes militares na Libéria lutavam com nomes fictícios escolhidos para despertar medo nos inimigos. (*N. do A.*)
** "General Bunda de Fora" ou "General Pelado", em uma tradução livre. (*N. da T.*)

tradução livre], termina com um serviço religioso no qual Blahyi fala sobre sua conversão de "general do Diabo" em "general de Deus".

A filmagem chamou a atenção de veículos de notícias consagrados, os quais, embora estivessem lidando com o pior da Grande Recessão, ficaram alertas porque alguém de fora estava tentando fazer notícias importantes. Em uma entrevista que foi imortalizada no documentário *Page One* do *New York Times*, o jornalista de mídia David Carr, ele próprio um viciado recuperado que vivera uma "vida complicada", desafiou Shane por criticar a recente cobertura da Libéria do *Times*.*

"Espere um minuto, dá um tempo", disse Carr, interrompendo Shane. "Antes de você ter ido lá, tivemos repórteres no local, noticiando genocídio após genocídio. E só porque você foi até lá, colocou um maldito capacete de safári e olhou para um pouco de cocô, não tem o direito de insultar o que fazemos. Então prossiga, prossiga."

"Sinto muito. Estou apenas dizendo", explicou Shane, "que não sou jornalista, não fui lá para noticiar..."

Carr o interrompeu: "Obviamente, obviamente."

O diálogo foi floreado por segmentos da imprensa que logo desmereceram as tentativas da Vice de crescer. Essas vozes só se tornaram mais estridentes quando a Vice conseguiu fechar um negócio com a HBO para produzir uma revista de notícias para a rede, uma espécie de *60 Minutes* com Shane Smith ocupando o lugar de Mike Wallace.

---

*O *Times* havia publicado um artigo de viagem intitulado "On Liberia's Shore, Catching a New Wave", [Na costa da Libéria, em busca de uma nova onda, em tradução livre] a respeito dos melhores lugares para surfar no país. A praia de West Point não foi escolhida entre essas praias. (*N. do A.*)

Shane explicou a crítica quando nos encontramos na sua casa recém-reformada em Santa Monica. Nós nos sentamos em cadeiras de veludo verde em uma sala junto à biblioteca, alguns meses depois de a casa aparecer na capa da *WSJ. Magazine*. "Ninguém criticou a notícia", disse ele. "Eles criticaram a nossa aparência e a maneira como falamos. (...) Se você estiver apenas falando a respeito da calça jeans que vestimos, sem problema. Se você estiver ridicularizando as nossas histórias ou encontrando erros nos fatos, estamos realmente encrencados." Shane me disse que as redes de notícias concorrentes compreenderam que não conseguiriam enfraquecer o domínio da *Vice* sobre os millennials, então a única maneira pela qual elas poderiam prejudicar a empresa seria atacando sua integridade jornalística. "Desse modo, tínhamos de ser mais meticulosos, mais firmes e mais infalíveis do qualquer outra pessoa."

Mas, antes que a série da HBO até mesmo fosse ao ar, irrompeu uma controvérsia a respeito da sequência que a *Vice* estava filmando para o fim da sua temporada, intitulado "Basketball Diplomacy". A *Vice* tinha organizado um jogo amistoso em Pyongyang entre os Harlem Globetrotters e o time nacional de basquete da Coreia do Norte, com Dennis Rodman acompanhando o evento como convidado de honra. O novo líder supremo do país, Kim Jong-un, compareceu ao jogo em uma das suas primeiras aparições em público. Durante um discurso depois do jogo, Rodman se voltou para o jovem ditador do país, fez uma mesura e disse: "Obrigado. O senhor tem um amigo para o resto da vida", antes de dar um aperto de mão no líder supremo. Mais tarde, o contingente da *Vice* compareceu a um jantar estatal com o líder supremo, onde se tornaram os primeiros norte-americanos a encontrá-lo depois que ele assumira o poder.

Tudo isso aconteceu apenas semanas depois de a Coreia do Norte fazer um teste subterrâneo ilegal com uma arma nuclear, alimentando o medo de que ela um dia seria capaz de atingir os Estados Unidos com mísseis balísticos equipados com ogivas nucleares. A *Vice* foi fortemente criticada na imprensa por ter orquestrado uma manobra com um regime implacável e feito com que um ditador brutal parecesse tranquilo; a sensação era de que os novatos no setor de notícias tinham sido enrolados. Na CNN, Dan Rather chamou a reportagem de "Mais para *Jackass* do que jornalismo".

"Fizemos dois documentários na Coreia do Norte e fomos expulsos porque criticamos duramente o regime", me disse Shane. (Ele foi pessoalmente proibido de voltar e não pôde participar da aventura do basquete.) "Mas conhecíamos todas as suas fraquezas porque tínhamos estado lá, e sabíamos que eles eram excelentes no basquete. Então inventamos essa situação: vamos levar os Chicago Bulls para lá e vamos fazer a entrevista mais desejada do mundo. E quando fizemos, a mídia tradicional se incendiou com críticas. E tenho duas coisas a dizer a respeito disso: na ocasião, não gostei do que aconteceu, mas em retrospecto foi o que garantiu o sucesso da Vice News, porque nos colocou no mapa."

Shane me disse que duas coisas tinham evitado que a série da HBO terminasse em um escândalo. Primeiro, o documentário não era um retrato embelezado do país ou do seu novo líder; na verdade, era uma descrição crítica de Kim Jon-un e do governo do país. Foi necessário um grande esforço para documentar o quão absurdo era o regime. Em uma cena memorável durante uma visita a um laboratório de computação, os membros da equipe destacam que, apesar de a sala estar cheia, ninguém está realmente digitando ou clicando qualquer coisa. Eles mostram a sequência de um homem olhando para a página inicial do Google durante vários minutos enquanto o cursor pisca no campo de busca vazio.

Além disso, pouco depois dessa visita, foi revelado que a BBC tinha introduzido clandestinamente jornalistas na Coreia do Norte em um intercâmbio de alunos da London School of Economics. Os alunos só perceberam que havia jornalistas na sua viagem depois de chegarem em Pyongyang. "Vocês estão se escondendo atrás de jovens estudantes", acusou Shane, em provocação, "e mesmo assim estão nos criticando por ter organizado algo que funcionou e não colocou ninguém em risco?".

Outro excesso de preocupação surgiu quando a *Vice* introduziu repórteres no Estado Islâmico em um documentário da HBO, *The Islamic State*, pouco depois de lançar a Vice News no YouTube. Mas dessa vez, David Carr — quatro anos depois do seu confronto inicial com Shane — defendeu a *Vice* no *New York Times*:

> *The Islamic State* é uma vitória para a *Vice*, mas também é uma vitória para um público ávido por entender por que algumas pessoas no mundo nos odeiam tanto. (...) Quando eu estava discutindo com o Sr. Smith a respeito de qual cobertura era mais importante, deixei de reconhecer que em um mundo hostil a todas as formas de jornalismo, onde conflitos perigosos parecem surgir praticamente a toda hora, não podemos ser arrogantes com relação à origem das notícias. Fico feliz que alguém esteja disposto a fazer o importante trabalho de testemunhar os acontecimentos, do tipo que pode ser fatal se algo sair errado.

O artigo foi arquivado com o título "Its Edge Intact, *Vice* is Chasing Hard News."*

De volta ao escritório de Shane, perguntei por que ele achava que um número tão grande de pessoas na mídia de notícias estava disposto a descartar a audiência dos millennials. "Acho que foi porque a Geração Y cresceu em uma época em que tivemos uma tremenda negação dos direitos do cidadão. Foi uma época de 'armas de destruição em massa'** e conluio com o governo*** sobre o Iraque e o Afeganistão e uma completa insatisfação com a grande mídia."

Talvez seja por isso que poucos millennials se voltam para a grande mídia em busca de informações. De acordo com um estudo do Pew Research Center, realizado em 2016, metade das pessoas entre 18 e 29 anos obtém suas notícias online; apenas pouco mais de um quarto delas busca essas notícias na televisão. No caso dos baby boomers, a relação é invertida; 72% das pessoas entre 50 e 64 anos se informam pela televisão, enquanto apenas 29% delas as buscam em sites, aplicativos e na mídia social.

---

*"Com sua vantagem intacta, a Vice está indo atrás de notícias de peso", em uma tradução livre. (*N. da T.*)

**Um editorial do *Washington Post* publicado um mês antes do início da Guerra do Iraque declarou o seguinte: "Depois da palestra do Secretário de Estado Colin L. Powell no Conselho de Segurança das Nações Unidas ontem, é difícil imaginar como alguém poderia duvidar de que o Iraque possua armas de destruição em massa." O editorial foi publicado com o título "Irrefutable" [Irrefutável]. (*N. do A.*)

***O *New York Times* foi severamente criticado pela sua cobertura de presumidos programas iraquianos de armas que apoiavam o argumento do governo Bush a favor da guerra. O jornal posteriormente admitiu que a cobertura tinha sido falha e se valera de fontes de informações de "autoridades americanas convencidas da necessidade de intervir no Iraque." (*N. do A.*)

Além das questões de confiança, os millennials são frequentemente desencorajados por "uma linguagem e um tom com o qual simplesmente não se identificam", afirmou Shane. "Eles não se identificavam com a linguagem usada pela voz de Deus: 'Eis o que vocês devem pensar a respeito disto.' Enquanto 'vamos gravar, mostrar, e vocês podem tirar suas próprias conclusões' era muito mais compatível com a Geração Y."

A abordagem da *Vice,* recuando até aqueles primeiros vídeos na VBS.tv, tem sido algo chamado pela empresa de "imersionismo". É uma abordagem concentrada em colocar pessoas nos cenários e simplesmente gravar o que tem mais a ver com a filmagem de documentários do que com a reportagem e o documentário com um locutor, embora um correspondente sempre acompanhe os segmentos de notícias da *Vice.*

"O que descobrimos nas notícias diárias foi que elas geralmente têm uma ideia preconcebida ou um ângulo já formado", declarou Shane. "Sabemos o que está acontecendo no Egito; a culpa é da Irmandade Muçulmana. Vamos fazer a filmagem." Ao passo que nós iríamos ao Egito e diríamos: "Bem, seguimos estas pessoas e os estudantes se separaram dos islamistas radicais e os jihadistas se separaram desses caras e desses caras e desses caras' — é decididamente bem mais 'seguir a história' do que 'seguir o ângulo."

Eu disse a ele que esse sentimento soava semelhante ao elogio recebido pelos criadores do YouTube por parecerem mais autênticos do que a televisão. Ao oferecer aos espectadores — geralmente millennials jovens e atentos que se vestem e falam como eles — um roteiro predominantemente imparcial, a *Vice* busca construir uma relação de confiança com seus espectadores. Os correspondentes desejam conduzir os espectadores em uma jornada e introduzi-los a novos personagens, em vez de ir ao local e explicar o que está acontecendo. "A história é mais importante do que a maneira como ela parece", afirmou ele.

A abordagem da *Vice* demonstra muitas outras táticas que discutimos neste livro. Desde seus primeiros dias com *The Vice Guide to Travel*, a perspectiva da empresa era global. Ao lançar novos sites de mídia on-line, muitas vezes ela buscou fortes culturas jovens mal-atendidas pela mídia tradicional, como os skatistas e os fãs de música eletrônica. Ela se mostrou disposta a falar sobre temas de nicho como a maconha recreativa e as artes marciais mistas (MMA) anos antes de elas serem discutidas na televisão. Além disso, ela concentra grande parte da sua programação — desde os correspondentes às matérias — em celebrar a diversidade, a positividade do corpo e a fluidez de gênero.

"Eu sempre digo isso, mas os millennials são os consumidores mais espertos da história, e eles têm sido alvos da propaganda desde bem pequenos. Desenhos animados são feitos para vender cereais. Portanto, eles têm excelentes detectores de papo furado. E se algo parece muito impecável e é apresentado de uma maneira muito impecável e com muitos elementos gráficos, você sabe que isso, obviamente, passou por muito produtores e muitos cinegrafistas. Se você está tentando apresentá-lo como: 'Isto acabou de acontecer. Estamos no local dos acontecimentos', não parece certo. Por outro lado, se alguém capta algo — pode ser em um celular, pode ser em uma câmera não profissional, pode ser qualquer outra coisa —, mas você vê e pensa: 'OK, bem, esse cara estava lá. Ele viu tudo. Ele realmente captou o que estava acontecendo.'"

O comentário me fez lembrar de algo que parecera um ponto decisivo na maneira como a internet transmitia as notícias: o Movimento Verde no Irã. Em uma prévia dos protestos que iriam irromper em todo o Oriente Médio durante a Primavera Árabe, centenas de milhares de manifestantes encheram as ruas de Teerã e de outras cidades depois da eleição presidencial de 2009, exigindo a renúncia de Mahmoud Ahmadinejad do cargo e acusando o governo de manipular os votos a seu favor. Como o Irã estava fechado para a imprensa internacional, era muito mais eficaz — e muito mais rápido — descobrir o que estava acontecendo no país a partir de mensagens postadas na mídia social do que assistindo às notícias.

Quando mencionei isso para Shane, ele me disse que tinha ido ao Irã para um festival cinematográfico quando as manifestações de protesto começaram. "Você podia ver o que realmente estava acontecendo pelos posts de manifestantes, ou podia deixar que a voz de Deus em Nova York lhe dissesse o que você deveria pensar a respeito de tudo isso. Aí jaz o dilema; os baby boomers abriam o *New York Times* ou o *Washington Post*, ligavam a televisão para assistir a *60 Minutes* ou *NBC Nightly News* ou qualquer outra coisa, e pensavam: 'Muito bem. Isso é o que está acontecendo.'

"A geração Y olha para os blogs, para os vídeos e para o que está vindo daquele país e de fontes de notícias alternativas, e diz: 'Bem, na verdade, o que está acontecendo é isto.' E eles cresceram assim. Agora, você não pode simplesmente dizer: 'É assim que as coisas são.'"

Com a internet oferecendo uma quantidade tão grande de diferentes perspectivas sobre determinado evento — inúmeras notícias, insights, comentários e artigos de opinião, todos alimentados por um interminável suprimento de imagens, tweets e vídeos provenientes de olhos que estão no local —, a definição do que é estar informado mudou. Já não basta ler um único artigo ou assistir a um segmento de notícias.

Mas com esse número incrível de possíveis fontes à nossa volta, em quem podemos confiar?

Em meados da década de 2000, dois correspondentes internacionais foram enviados para uma cidade no sul do Líbano durante a guerra desse país com Israel. Para passar o tempo entre as reportagens, eles costumavam beber na piscina, esperando mensagens das suas organizações de notícias em Atlanta ou Dublin, que lhes diriam quando a luta poderia recomeçar para que eles pudessem ficar sóbrios e se preparar para filmar suas reportagens ao vivo. No entanto, quando começaram a passar mais tempo na mídia social, eles notaram algo interessante: os posts no Twitter lhes davam, rotineiramente, com trinta minutos de antecedência, um aviso de que a ação estava para começar, ou seja, antes que chegassem as informações da Associated Press (AP) ou de outras organizações de notícias.

Eles compreenderam que sua indústria passava por uma drástica mudança. A ascensão dos telefones celulares e da mídia social enfraquecia o monopólio dos jornalistas sobre as informações, com os cidadãos ficando mais propensos a prevalecer sobre as agências de notícias quando se tratava de divulgar o que estava efetivamente acontecendo em uma determinada situação.

Em meio a essa profunda mudança, um desses correspondentes, Mark Little, começou a pensar como seria uma agência como a AP ou a Reuters se fosse fundada hoje.

Segundo ele, essa agência de notícias viveria na rede social, analisando tweets, posts e vídeos carregados no mundo inteiro, a cada segundo. E a partir dessa análise, ela proporcionaria o maior valor "separando as notícias do ruído", examinando a explosão de conteúdo para verificar e autenticar o que era real. Ele fundou essa agência em Dublin, em 2010, e a chamou de Storyful.

"As coisas eram muito parecidas com o faroeste quando a empresa começou", contou-me o atual CEO da Storyful, Rahul Chopra. "Não havia regras, responsabilidades ou salvaguardas para os vídeos de testemunhas oculares." Para realçar os vários desafios que uma sala de redação enfrenta quando recebe um conteúdo carregado por um usuário, ele me disse para imaginar o vídeo de uma bomba explodindo em algum lugar no Oriente Médio. "Não sei se o vídeo foi filmado em Aleppo ou no Irã. Como vou saber a diferença? É apenas uma bomba explodindo no meio da rua. Como vou verificar se isso é real? Como vou saber se essa é a pessoa que originalmente fez a filmagem e se podemos usar esse conteúdo? Qual é o contexto por trás dele? É apenas algo explodindo em segundo plano. O que realmente sei?"

Todas essas perguntas infestavam as salas de redação, mas muitos não sabiam nem como começar a respondê-las. A Storyful se propôs a resolver esse problema. Seu padrão era colocar jornalistas experientes ao lado de engenheiros para descobrir e verificar a veracidade de determinada foto ou vídeo. O processo se baseava em técnicas jornalísticas tradicionais aliadas à tecnologia. Os algoritmos automaticamente identificariam "aglomerados" de atividade em torno de um vídeo; se detectassem um evento aumentando de intensidade na mídia social, automaticamente comparariam a sequência do filme com um banco de dados para garantir que o vídeo era de fato novo.

Se a sequência bruta fosse exclusiva, os jornalistas então intervinham, usando o Google Earth e o Google Maps para identificar os diversos pontos de referência. Eles comparavam o vídeo com dados meteorológicos locais para garantir que as sombras estavam no lugar certo e o vento soprava na direção certa. Em seguida, eles arregimentavam a ajuda de especialistas para identificar e traduzir linguagens e dialetos locais, descobrir como uma sirene soava em uma região particular e identificar as munições usadas na sequência do filme. Uma vez constatada a autenticidade de um vídeo, a equipe tentava entrar em contato com a pessoa que originalmente carregou o vídeo para validá-lo e obter o direito de usá-lo. "E tudo isso acontece com enorme rapidez", afirmou Rahul.

O objetivo do engenheiro colega do jornalista é maximizar a eficiência de todo o processo, minimizando os cliques e passos que o jornalista precisa dar. "Estamos tentando tornar nossos jornalistas mais espertos e rápidos, para que eles se concentrem no contexto, na exatidão e na autenticidade, e ainda aumentem a sua taxa de eficiência." Perguntei a ele, considerando o grande número de reportagens ao redor do mundo, quantos jornalistas realmente são necessários para verificar tudo. "Menos de quarenta", respondeu Rahul.

Perguntei então que papel o YouTube desempenha na atual produção da Storyful, tendo em vista a ascensão de outras redes sociais e aplicativos de mensagens. "O YouTube ainda representa a maior parte do conteúdo que fornecemos diariamente aos usuários", respondeu. "Se você pensar a respeito, verá que não existe uma única notícia nos últimos seis anos que não tenha sido afetada, ou que não esteja envolvida, de alguma maneira, com o conteúdo gerado pelo usuário."

Eu recuaria ainda mais. Em 2006, no que pareceu um momento decisivo para a política, o candidato republicano da Virginia ao Senado, George Allen, em um resultado inesperado, perdeu a cadeira por uma diferença mínima, depois de ter aparecido em uma filmagem usando — duas vezes — uma ofensa racial para descrever um membro da equipe do seu concorrente na campanha.

A ascensão do smartphone e a capacidade de os vídeos se espalharem rapidamente na mídia social estão ajudando a redefinir o que se tornam notícias globais. Se você ouvisse dizer que alguém no pregão da Chicago Mercantile Exchange tinha se queixado de que o dinheiro dos contribuintes estava sendo usado para apoiar proprietários de casas em dificuldades, você provavelmente não acharia isso digno de nota. Mas um discurso realçando esse fato, proferido por Rick Santelli, editor de Notícias de Negócios da CNBC, foi compartilhado por todo o YouTube e o Facebook, e deu origem ao Tea Party. Se alguns esquerdistas tivessem organizado um *sit-in** em Wall Street para protestar contra a desigualdade, isso provavelmente não chegaria às manchetes. Mas a mensagem se espalhou pela mídia social e, de repente, todo mundo já tinha ouvido falar em Occupy Wall Street. Se um policial atira em um adolescente negro desarmado, isso raramente chega à primeira página. Mas basta compartilhar uma sequência de filmagem perturbadora dos protestos que se seguem, dar às pessoas a oportunidade e os meios

---

*Uma manifestação pacífica em que os manifestantes permanecem sentados bloqueando vias públicas. (*N. da T.*)

para que expressem sua indignação, e temos o movimento Black Lives Matter.*

"Como já estive em zonas de guerra", disse Mark Little em uma palestra na Faculdade de Jornalismo e Comunicação da Universidade da Flórida, "posso lhes dizer que nunca tivemos essa capacidade de ver as coisas em tempo real. Se Srebrenica, se Auschwitz, se Ruanda estivessem acontecendo hoje, o mundo não poderia dizer que não sabia".

Perguntei a Rahul se ele achava que o surgimento dos vídeos filmados diretamente das linhas de frente e seus efeitos capazes de alterar o mundo eliminaria alguns dos papéis tradicionalmente desempenhados por jornalistas na sociedade. "Acho que a razão pela qual você está vendo o CGU (Conteúdo Gerado pelo Usuário) deslanchando cada vez mais é o fato de ele oferecer às pessoas um ponto de vista completamente diferente de uma reportagem... Por que eu iria querer um jornalista tradicional em pé na Praça Trahrir me dizendo o que está acontecendo lá quando posso ter uma sequência de filmagem me mostrando o que uma pessoa que está lá participando dos eventos está fazendo e vivendo?

"Mas isso por si só não é notícia. É conteúdo. É essa história que um jornalista pode depois pegar e transformar em algo poderoso. E é por isso que você viu organizações de notícias abraçarem essa ideia e se saírem tão bem quando as coisas são feitas da maneira certa." Quando pedi um exemplo, ele citou a Vice News. "Eles fizeram um trabalho fantástico com alguns dos nossos conteúdos, mais rápido do que muitos editores tradicionais. As gerações mais jo-

*Vidas Negras Importam, em tradução livre. (*N. da T.*)

vens estão sedentas por autenticidade quando se trata da sua cobertura noticiosa. E o CGU é uma ótima maneira de se fazer isso."

Também é relativamente barato. Um dos grandes obstáculos que qualquer organização de notícias em vídeo enfrenta é o custo de capturar filmagens de notícias. As organizações têm que obter a licença de filmagem de serviços como a AP ou a Reuters ou investir no equipamento de câmera, uplinks de satélite e as autorizações necessárias para fazerem eles próprios a captura. Essa é uma das razões pelas quais muitas da novas startups de sucesso no YouTube — em especial a *The Young Turks*, o canal de notícias mais popular do YouTube — tendem a apresentar comentários, em vez de informar diretamente os eventos do dia.

No entanto, um modelo mais econômico parece estar surgindo. Câmeras mais baratas e a utilização de novas tecnologias como drones e o streaming ao vivo pelo celular reduziram alguns dos custos de capturar filmagens de notícias de alta qualidade e transmiti-las para todo o mundo. Ao operar com pequenas equipes (como a equipe de três pessoas da Vice na Libéria), as empresas de notícias podem usar sua própria filmagem em vez de obter sua licença de fontes oficiais. Posteriormente, se precisarem, elas podem complementar essa cobertura com sequências de filmagem CGU mais baratas, capturadas pelos usuários.

Nesse ínterim, empresas como a Storyful ajudam os proprietários originais de sequências de filmagem CGU a ser pagos por elas. Em 2016, Zdenek Gazda, um imigrante tcheco motorista de táxi, capturou uma sequência de filmagem surpreendente de Hillary Clinton desmaiando e sendo acompanhada até seu carro depois de uma cerimônia no Ground Zero para lembrar os ataques de 11 de setembro. No passado, um vídeo como esse teria se espalhado com rapidez e chegado aos noticiários internacionais, provavelmente sem qualquer menção à fonte. Neste caso, organizações de notícias no Facebook e no Twitter entraram imediatamente em contato com Gazda e pediram permissão para usá-lo. No início, ele deixou que o clipe fosse usado livremente, mas com o tempo a Storyful conseguiu chegar até ele localizando seu irmão, que ainda morava na República Tcheca. A Storyful começou a trabalhar com redes de televisão e editores de notícias, em nome de Gazda, para garantir uma remuneração pela utilização do vídeo, conseguindo para Gazda uma quantia que Rahul descreveu como "bem avançada na faixa de seis dígitos".

Embora o principal foco da Storyful seja verificar filmagens para garantir sua autenticidade, a empresa foi recentemente puxada para uma conversa bem mais abrangente a respeito do conceito de fake news. No rastro das eleições presidenciais americanas de 2016, esse rótulo incluiu tudo, de histórias sensacionalistas a iscas de cliques, discursos de ódio e outros artifícios e até mesmo a CNN. Na sequência da surpreendente vitória presidencial de Donald Trump, muitas pessoas rapidamente criticaram artigos desacreditados que faziam falsas afirmações, predominantemente em apoio ao candidato republicano. Apesar de serem falsas, essas histórias ganharam terreno on-line, onde foram rapidamente compartilhadas por meio das redes sociais.

O fenômeno das fake news se tornou ainda mais fascinante quando repórteres do BuzzFeed descobriram que mais de cem dos sites que compartilhavam essas notícias procediam de um punhado de adolescentes em uma pequena cidade da Macedônia chamada Veles. Os adolescentes viam matérias falsas on-line e as agregavam ou copiavam em novos sites que eles tinham acabado de criar, atraindo visualizações e cliques.

De acordo com um relato de acompanhamento na revista *Wired*, a estratégia foi originalmente empregada por dois jovens de Veles chamados Boris (um pseudônimo) e Aleksandar Velkovski. Aleksandar e seu irmão Boris tinham atraído mais de 10 milhões de visitantes únicos para um site chamado HealthyFoodHouse.com promovendo curas fraudulentas. Adolescentes empreendedores em Veles se inspiraram no modelo dos irmãos Velkovski e o aplicaram à política, usando o enorme interesse nas eleições presidenciais dos Estados Unidos para atrair centenas de milhares de compartilhamentos, reações e comentários no Facebook. Isso, por sua vez, possibilitou que os adolescentes ganhassem milhares de dólares com receita de anúncios.

Uma vez que o Facebook e o Google compreenderam o que estava acontecendo, eles rapidamente bloquearam a fonte de receita para esses sites fraudulentos, mas a questão das *fake news* perdura. No YouTube, trabalhamos para repelir sua propagação, reconhecendo nossa responsabilidade em garantir que plataforma seja usada para informar e não para induzir ao erro.

Grande parte desse esforço é elevar e destacar digitalmente vídeos provenientes de fontes confiáveis e abalizadas, enquanto negamos uma receita àqueles que intencionalmente procuram enganar. Agora, quando surgem as notícias, realçamos uma "prateleira" especial de vídeos na página inicial do YouTube, destacando clipes do evento apenas de fontes comprovadas. De um modo semelhante, criamos um canal exclusivo, o YouTube News, que oferece conteúdo apenas de parceiros que passaram por uma inspeção manual; ele tem hoje mais de 34 milhões de assinantes. E continuamos a reprimir a colocação de anúncios em conteúdos duvidosos, para que os golpistas não consigam ganhar dinheiro enganando as pessoas.

Mas separar a verdade da ficção — o que costumava ser um exercício básico — agora parece quase impossível, com algumas pessoas considerando a objetividade uma afronta à sua política ou às suas convicções. Precisamos apenas olhar para a recente capa da revista *Time* que pergunta "A verdade está morta?" para entender a escala do desafio, gerado principalmente pelas organizações de notícias cuja missão é informar seus leitores.

Questionar a veracidade de algo também coincide com a crescente polarização das notícias nos Estados Unidos. Na era de três redes de comunicações, a objetividade política na cobertura de notícias foi a norma na maior parte do século XX enquanto as emissoras buscavam popularidade. Além de isso ser uma tática de negócio inteligente, ela era legalmente compulsória por uma regra da Federal Communications Commission (FCC) chamada Doutrina da Equidade, instituída em 1949. A doutrina requeria que as redes de rádio e televisão cobrissem "questões polêmicas de importância pública" e "se esforçassem para dar... lugar à expressão de pontos de vistas divergentes defendidos por elementos responsáveis em relação às questões polêmicas apresentadas". A argumentação por trás da doutrina era que, em um mundo com um espaço limitado na prateleira, os detentores das licenças de transmissão tinham a responsabilidade de garantir que seus espectadores fossem expostos a uma diversidade de pontos de vista.

À medida que o espectro da mídia cresceu, primeiro com a introdução da banda de rádio FM e, mais tarde, com a TV a cabo, essa doutrina foi enfraquecida; as pessoas teriam muitas oportunidades de procurar diversos pontos de vista, mas somente se as redes recebessem a oportunidade de apresentá-los. Em 1987, a FCC eliminou a doutrina, dando espaço a mais canais sectários no rádio e na TV a cabo. De repente, com o surgimento de rádios conservadoras com programas de entrevistas/debates, da Fox News e da MSNBC, as notícias nos Estados Unidos começaram a se parecer muito com as da Europa, onde os veículos de comunicação têm estreitas ligações com partidos políticos, sindicatos e igrejas.*

Com a internet, a oportunidade de criar uma mídia cada vez mais polarizada explodiu. Axies, recém-lançado site de notícias, mapeou a formação de 89 importantes sites de notícias desde o despontar da Web, concluindo que quase todos tinham inclinações sectárias. Curiosamente, sites esquerdistas como o *Huffington Post* e o *Daily Kos* cresceram principalmente durante o governo Bush, enquanto uma

*Na Itália, a emissora do governo, RAI, está sob o controle direto do parlamento, com a programação das notícias dividida entre os partidos políticos. (*N. do A.*)

enxurrada de sites de direita se originou do movimento Tea Party durante o governo Obama.

Embora a escolha do momento sugerisse que a formação desses sites tenha sido determinada pela polarização política, um livro escrito por dois sociólogos da Universidade Tufts, Jeffrey M. Berry e Sarah Sobieraj, examinou a crescente tendência da "indústria da indignação" e concluiu que se tratava apenas de uma boa prática de negócios. "Houve um aumento na polarização política entre os cidadãos, mas nem longe o bastante para explicar esse fenômeno", declarou Sobieraj à CNN. "O espaço tecnológico, regulatório e da mídia se tornou um espaço no qual [as notícias sectárias] são lucrativas, e o lucro é a força motriz."

Mais tarde perguntei a Shane o que ele concluía de tudo isso em uma época na qual a pressão econômica parece encorajar a politização das notícias em tal amplitude que chega a comprometer a verdade. "Acho que vamos entrar em um período de insanidade", respondeu ele. "Agora, isso é bom para nós? No tocante aos negócios, sim. Quer dizer, foram a Guerra do Golfo, a invasão do Afeganistão o que construíram a CNN. E, para nós, essa insanidade é puro ouro. Mas isso não é bom para a humanidade. Temos que olhar para todos esses desafios e dizer: 'OK, agora é nossa vez. Devemos fazer a coisa certa e fazer um bom trabalho.'"

O argumento de Shane era que, em um ambiente hiperpolarizado que cada vez mais vitima a verdade, a objetividade da abordagem "imersionista" da Vice se tornará ainda mais valiosa para os millennials desiludidos. "O certo, para nós, como agência de notícias é, ao olhar para esse clima, que você diga que é importante que as nossas informações sejam o mais moderadas possível, o mais lógicas possível e saia dizendo: 'Isso é loucura. Isso não é verdade. Estes são os fatos.'" Em vez de escolher um lado, a Vice permaneceria no meio.

Isso me lembrou de algo dito por Shane no palco em um dos eventos de publicidade do YouTube. Disseram que ele havia chamado a Vice News de "a próxima CNN", mas no palco ele reformulou essa descrição: "Com a escala que o YouTube oferece, não vamos ser a próxima CNN. Vamos ser *dez vezes* a próxima CNN."

Espero que Shane esteja certo, pelo menos a respeito do clima atual que beneficia as fontes de notícias objetivas; para prosperar, uma democracia precisa de um eleitorado inteligente com uma imprensa capaz de separar o fato da ficção. No seu relatório "State of the News Media 2016" ["Estado da Mídia de Notícias"], o Pew Research Center afirmou que, financeiramente, 2015 tinha sido "talvez o pior ano para os jornais desde a Grande Recessão".

Mas, depois da eleição de Donald Trump, a mídia de notícias mostrou impressionantes sinais de vida, especialmente os veículos que se orgulham de ter uma cobertura objetiva. O primeiro trimestre de 2017 foi o mais assistido da CNN desde os dias que antecederam a Guerra do Iraque, em 2003. Nesse ínterim, o *Washington Post*, o *New York Times*, o *Los Angeles Times* e o *Wall Street Journal* registraram um aumento recorde nas assinaturas digitais.

Ao mesmo tempo, a tecnologia está desempenhando um papel de maior destaque na sua divulgação de informações, ajudando a reduzir alguns dos custos e a expandir o seu alcance. Embora algumas pessoas possam censurar a "BuzzFeedificação" das notícias, os editores mais sagazes estão tirando proveito das técnicas aperfeiçoadas pelas notícias sociais e pelo site de entretenimento, como testar a eficácia de diferentes manchetes e fotos em tempo real e oferecer os resultados que se saírem melhor. Os editores também estão fazendo experiências, com testes, quebra-cabeças, podcasts, chatterbots e aplicativos de estilo de vida especializados em receitas e imóveis, por exemplo, na esperança de fornecer um pacote mais interessante para atrair assinantes e conservá-los.

Algumas publicações estão até usando inteligência artificial para escrever automaticamente artigos de rotinas, como atualizações do mercado de ações e mudanças nas pesquisas de opinião, liberando os jornalistas veteranos para que se concentrem em matérias mais valiosas. Essa abordagem também está se estendendo às notícias em vídeo, com os computadores automaticamente combinando fotos de bancos de imagens e clipes com textos de artigos de notícias que aparecem como legendas, perfeitos para rolar no seu telefone com o som desligado.

A adoção do vídeo será crucial para o futuro da publicação de notícias. Quando a Pew perguntou aos norte-americanos como eles preferiam consumir suas notícias, 46% responderam que preferiam assistir, enquanto 35% optam por lê-las e 17%, ouvi-las. O vídeo não só agrada a um maior número de pessoas, como também mantém a atenção delas por mais tempo, tornando-o um veículo mais lucrativo para os anunciantes, o que significa que os editores podem ganhar mais dinheiro exibindo comerciais do que mostrando anúncios de banner. Isso quer dizer que o crescimento do consumo de conteúdo móvel — do qual o vídeo já constitui mais da metade da utilização de dados, de acordo com a Cisco — pode ser ainda mais lucrativo para os editores de notícias, desde que estejam dispostos a criar vídeos e também escrever artigos.

Quando perguntei a Rahul que conselho ele daria às salas de redação que estão tentando retornar a uma base sólida, sua resposta foi a seguinte: "Basta retirar o cinto de segurança e ir em frente. Com todo esse fenômeno de RV, vídeo vertical em contraste com vídeo horizontal, contar histórias em diferentes formatos, o potencial é enorme. Há muitas oportunidades de contar histórias de maneiras inovadoras, diferentes e autênticas. E as audiências anseiam por isso."

Durante a minha infância e adolescência em Praga, tínhamos uma palavra diferente para *fake news*: propaganda. O governo comunista usava seu controle sobre as ondas aéreas para moldar a nossa concepção do Ocidente e enfraquecer aqueles que exigiam mais liberdade política. Frequentemente apresentavam uma descrição ridiculamente falsa de como era a vida além da Cortina de Ferro. Especiais da televisão — muitos deles disponíveis no YouTube hoje — mostravam filmagens de concertos de rock nos Estados Unidos e afirmavam que se tratava de um culto ao demônio, facilmente identificável pela presença de participantes do sexo masculino com cabelos longos.

Shane me disse que esse tipo de desinformação funcionava dos dois lados e era o que o deixara tão ansioso para visitar a Coreia do Norte e fazer reportagens a partir de lugares supostamente proibidos. "Era 'Os comunistas comem bebês' e 'você pode comprar uma casa com uma calça jeans' e coisas desse tipo. E nós éramos os capitalistas!" Mas a desinformação persistia em ambos os lados porque eles não tinham permissão para se comunicar. As pessoas que distribuíam a propaganda sabiam que a verdade era o antídoto supremo.

Por sorte, quando me tornei adolescente, várias rachaduras começaram a aparecer na fachada comunista. Meu primeiro concerto foi o histórico show do Guns N' Roses na Praga da era soviética, durante a turnê "Use Your Illusion" da banda; havia muitos cabelos longos, mas muito pouco culto ao demônio. E todas as histórias que eu ouvira a respeito de como a vida nos Estados Unidos era horrível rapidamente se dissiparam depois que assisti a *Um tira da pesada*. Se você assistiu a esse filme, provavelmente prestou atenção às piadas de Eddie Murphy. Eu, na adolescência, fiquei maravilhado com os carros caros, as roupas elegantes e as casas sofisticadas.

Somente décadas depois, quando nossa entrevista terminou e eu passei pelos gramados bem-cuidados e pela entrada ladrilhada da sua piscina, percebi que uma das casas mostradas no filme agora pertencia a Shane.

11. ~~Desculpe~~ Lide bem com a interrupção

Casey Neistat está fazendo os anúncios voltarem a ser maravilhosos

Era provável que a Vice acabasse à frente do seu tempo. Em meados da década de 2000, quando a Vice migrava do impresso para o digital, os aspectos econômicos envolvidos em publicar conteúdos gratuitos e originais na internet não eram particularmente generosos. Os agregadores — sites como o Drudge Report e o Huffington Post, que reuniam, exibiam ou tinham um link para as matérias de outros editores de notícias — estavam se saindo bem e crescendo, mas os sites daqueles que efetivamente produziam o conteúdo não estavam, nem de longe, ganhando com a publicidade on-line o mesmo que ganhavam com a publicidade impressa. Além de resultarem em menos dinheiro, as versões digitais dos jornais e revistas começaram a desviar assinantes do produto impresso oferecendo gratuitamente o mesmo produto on-line.

No entanto, enquanto os jornais começavam a fechar agências no exterior, a Vice as estava abrindo e investindo ainda mais em vídeo. A arma secreta que alimentava essa expansão? A Virtue Worldwide, uma agência criativa de serviço completo, parceira de marcas que tentavam capturar parte da irreverência e da audácia da empresa. Ao contrário dos jornais que mantinham um relacionamento do tipo "Igreja e Estado" entre o editorial e a publicidade, a voz editorial da Vice estava a serviço das marcas, ajudando-as a criar vídeos e experiências com base na convicção de Shane de que "todas as marcas devem pensar em si mesmas como empresas de mídia".

No início, parecia que as marcas formavam parcerias com a Vice para produzir o tipo de conteúdo que a empresa desejaria de qualquer modo produzir. Em 2009, a Vice se associou à North Face para produzir uma série de vídeos chamada *Far Out*, na qual os correspondentes da Vice viajaram para as regiões mais distantes do planeta (vestindo roupas da North Face) para encontrar exploradores e ouvir histórias de aventuras. Os episódios não parecem necessariamente diferentes, nem na qualidade nem no tom, dos outros conteúdos da Vice, mas ajudaram a North Face a evangelizar sua filosofia de "nunca parar de explorar".

A parceria mais notável da Vice com uma marca foi com a Intel. A diretora de marketing da fabricantes de chips, Deborah Conrad, ouviu falar na Vice depois que a empresa deu uma festa para a Intel no museu Palais de Tokyo em Paris chamada "Créateurs du Futur". O evento destacou oito artistas franceses e a maneira como eles usavam a tecnologia no seu processo criativo. Foi esse sucesso que Conrad pediu à Vice que reproduzisse em outros museus ao redor do mundo. Quando uma exibição semelhante no

798 Art Zone em Pequim atraiu 250 mil visitantes, a Intel começou a procurar uma parceria ainda mais profunda.

Na época, apenas 3% dos millennials tinham uma imagem positiva da Intel porque, de acordo com Shane, "eles a viam como um Big Brother, desejoso de colocar chips no nosso cérebro". A equipe de marketing da Intel perguntou à Vice o que ela poderia fazer para superar essa ideia negativa. Shane respondeu: "Vejam bem, existe essa grande e esquecida interseção entre a criatividade, a música, a arte e a tecnologia. Se eles estão com medo, é porque não sabem o que vocês estão fazendo. Se eles soubessem que todos esses grandes artistas só podem fazer a arte deles usando o poder de computação da Intel, eles olhariam para vocês de uma maneira diferente."

Dessa sugestão surgiu o Creators Project, uma submarca exclusiva da Vice com um site próprio, que oferece conteúdo a respeito de como a tecnologia tem sido usada para criar arte, tudo isso patrocinado pela Intel. A marca realizou eventos, trouxe instalações de arte para Coachella, criando dezenas de vídeos, e até produziu um curta-metragem de Spike Jonze a respeito de dois robôs que se apaixonam. O estratagema funcionou: a opinião positiva da Intel na Geração do Milênio subiu de repente de 3% para 38% em um ano e para 64% no ano seguinte. "Eles nunca tinham visto uma campanha mais bem-sucedida, nem mesmo a 'bong-bong-bong'",* afirmou Shane. "Esse foi o início de uma publicidade nativa sob medida em grande escala. Em vez de propor um anúncio,

*A "marca sonora" da Intel, que estreou nos comerciais da empresa na década de 1990. (*N. do A.*)

um ponto, uma exibição,* vamos criar uma estratégia, um programa sob medida e ter todos os KPIs** que pudermos satisfazer com esse programa. Os jovens são espertos. Eles pensam: 'Ah, gosto de Spike Jonze. Vocês me trouxeram um filme do Spike Jonze. Saquei.' Você não precisa fazer 'bong--bong-bong' e colar lá aquela maldita coisa da Intel'."

O Creators Project e outras colaborações corporativas se tornaram parte essencial do fluxo de receita da Vice, conduzindo a várias parcerias globais multimilionárias com marcas como Dell, Nike, Unilever, Anheuser-Busch InBev, ESPN e outras. "Por trás de tudo isso estava o poder e a missão da marca Vice que as pessoas achavam legal", me disse Tom Freston. "Era um velho truque de cartas que tínhamos nos primeiros dias da MTV, quando realmente não tínhamos estatísticas de audiência ou qualquer coisa. Como o nosso canal era considerado o canal do momento, se quisessem se promover, os anunciantes gastavam algum dinheiro conosco."

"Nosso ponto forte é fazer coisas esquisitas que ninguém fez antes e que, portanto, obtêm um monte de mídia conquistada",*** declarou Shane. "O Creators Project alcançou muito sucesso ao obter muita mídia conquistada porque todo mundo queria escrever a respeito dele e todo mundo queria falar a respeito dele. Desse modo, a [Intel] está se perguntando: 'Caramba! Quanto devemos a você por isso?' E é de graça."

---

*Comerciais de televisão, anúncios impressos, anúncios de banner on-line. *(N. do A.)*

**KPI, *Key performance indicators* [Indicadores chave de desempenho]. (*N. do A.*)

***Conteúdo que as pessoas naturalmente procuram, assistem e compartilham on-line, e não os anúncios pagos exibidos antes dos outros conteúdos. (*N. do A.*)

O primeiro vídeo que viralizou no YouTube se chamava "Touch of Gold".* Nele, uma filmagem granulada feita na lateral de um estádio de futebol mostra o atleta-celebridade Ronaldinho Gaúcho experimentando um par de chuteiras levado até ele em uma maleta dourada. Depois de amarrá--las, ele começa a fazer embaixadinhas com uma bola de futebol, e durante o minuto seguinte, não deixa a boltocar o chão. A façanha é ainda mais impressionante porque ele vai fazendo embaixadinha desde a lateral até a intermediária e chuta a bola, acertando no travessão quatro vezes seguidas sem ainda deixá-la tocar o chão.

O vídeo dura pouco mais de dois minutos e meio, e quando foi divulgado, deflagrou um frenesi de especulações a respeito de sua autenticidade.

Infelizmente, não era autêntico. Não apenas o vídeo em si era fraudulento, como também a premissa. Não se tratava de uma sequência de filmagem ilicitamente capturada e clandestinamente retirada do estádio do Maracanã no Rio; era um anúncio da Nike. Um milhão de visualizações depois, e a publicidade nunca mais seria a mesma.

"Touch of Gold" foi o primeiro *branded content* [conteúdo de marca, em tradução livre] bem-sucedido do YouTube — um vídeo cuja intenção era fazer a propaganda de uma marca e ainda assim poderia ser apreciado como entretenimento por mérito próprio. Antes de "Touch of Gold", certamente houve comerciais interessantes que pareciam mais arte do que propaganda, especialmente o "1984" da Apple, dirigido por Ridley Scott. Houve até mesmo experimentos de empresas que queriam usar a internet para algo mais longo do que o anúncio típico de trinta segundos. Quatro anos antes do

*"Toque de Ouro", em tradução livre. (*N. da T.*)

início do YouTube, a BMW recrutou diretores importantes como John Frankenheimer e Ang Lee para uma série de curtas-metragens chamada *The Hire*, postada diretamente no seu site para download.

Mas a experiência da Nike mostrou aos profissionais de marketing que transformar comerciais em conteúdo não precisava ser apenas um golpe publicitário ou uma manobra de marketing prestigiosa. O YouTube, com seus vídeos de duração ilimitada e livre acesso, tornava o conteúdo de marketing disponível para todos. E, como compartilhar e comentar eram uma parte enorme da cultura do vídeo on-line, se um anúncio criasse uma agitação ou iniciasse uma conversa, as pessoas, na verdade, assistiriam a ele *por escolha*. Parafraseando o repórter James O'Brien, em vez do comercial, os anunciantes agora podiam ser o programa.

A tendência em direção ao marketing de conteúdo era reforçada pela introdução de um recurso que chamamos de TrueView, mais conhecido como o anúncio que você pode pular. Os espectadores assistiam a um anúncio durante cinco segundos; em seguida, se quisessem, era possível clicar ou dar um toque para pulá-lo. Em contrapartida, o anunciante só pagaria pelo anúncio se alguém optasse por assisti-lo. No início, muitos anunciantes ficaram indignados. No entanto, logo se tornou clara a importância de saber quando um usuário *escolheu* assistir ao anúncio. Embora mostremos no YouTube anúncios que não podem ser pulados, a maioria é de TrueView, o que incentiva os anunciantes a produzir anúncios cativantes que rapidamente captam a atenção das pessoas.

A Procter & Gamble, a maior anunciante do mundo, aceitou o desafio proposto pelo marketing de conteúdo e o explorou completamente, logo se tornando uma potência da mídia social ao mesmo tempo que produzia alguns dos anúncios mais icônicos da era digital. Um dos mais notáveis foi para Old Spice, chamado "The Man Your Man Can Smell Like".* Por compreender que quase todas as pessoas que compravam sabonete líquido para homens eram mulheres, a Old Spice criou um anuncio dirigido a elas. Literalmente.

"Olá, meninas", começa o anúncio, antes de conduzir a espectadora em uma jornada surreal que começa em um chuveiro, vai para o convés de um iate e depois para o lombo de um cavalo branco em uma praia, tudo em uma tomada. O anúncio por si só era suficiente para fazê-lo ascender à cultura pop. Mas para realmente fazer o vídeo deslanchar, a equipe da Old Spice recrutou o ator, um cinegrafista e alguns redatores para filmar e postar mais de 180 respostas personalizadas para os fãs que deixaram comentários e perguntas no YouTube, Twitter, Reddit e até mesmo no Yahoo! Respostas. O anúncio original obteve mais de 50 milhões de visualizações, mas muitas das reações por si mesmas deram origem a 1 milhão.

Entre conteúdos mais leves, a P&G fez filmes mais longos e mais pessoais, como o da sua campanha "Thank you, Mom" para a Olimpíada de Inverno de Vancouver em 2010, mostrando a dedicação das mães que apoiavam os atletas olímpicos.** A campanha foi tão bem-sucedida que foi atualizada para os Jogos de Londres, de Sochi e do Rio.

O YouTube também se tornou um laboratório para empresas como a P&G testarem os anúncios antes de investir

* "O Homem como o Seu Homem Pode Cheirar", em uma tradução mais literal, ou "O Seu Homem Pode Ter o Cheiro deste Homem", em uma tradução mais livre. (*N. da T.*)

** Essa me afetou pessoalmente. Esquiei com a equipe olímpica tcheca quando estava na faculdade, algo que nunca poderia ter feito sem as constantes viagens da minha mãe comigo para o centro de esqui Ještd. (*N. do A.*)

em gastos na grande mídia. Um filme feito para a Always, chamado "Like a Girl",* demonstrou que a autoconfiança das moças despenca quando elas atingem a puberdade. Os diretores perguntaram a adolescentes o que significava correr, lutar ou arremessar "como uma garota". Todas consideraram a frase um insulto e apresentaram com pantomima um desempenho trêmulo, sem entusiasmo. Mas, quando eles fizeram a mesma pergunta para alunas do ensino fundamental, elas responderam que a frase só significava fazer algo com empenho e determinação totais. O filme de três minutos se tornou um grandioso sucesso on-line, repercutindo de tal maneira que a marca decidiu exibir uma edição dele de trinta segundos durante o Super Bowl.

Antes de eu ingressar no YouTube, era impensável que grandes marcas exibissem seus anúncios do Super Bowl antes do grande jogo; hoje, isso virou rotina. As marcas reconhecem que as conversas on-line que eles iniciam com seus anúncios podem ser tão importantes quanto a exposição obtida em mais de 100 milhões de unidades familiares no dia do jogo.

Cada vez mais, tudo começa com os anunciantes expressando seus valores e pontos de vista. Durante o Super Bowl de 2017, praticamente todos os anunciantes usaram seus anúncios para abordar questões sociais. A Audi discutiu a igualdade de gênero com imagens de uma corrida de carros de madeira sem motor para jovens. A Airbnb exibiu a diversidade da própria empresa em um anúncio que mostrava o rosto dos seus funcionários com o *slogan* "O mundo é mais belo quando você aceita", um tema semelhante ao do Google,

*"Como uma Garota". (*N. da T.*)

que fazia a propaganda do seu novo orador inteligente sendo usado por uma série de diferentes famílias americanas ("OK, Google. O que pode substituir cardamomo?")

Além disso, é claro, houve a jornada de uma jovem com sua mãe tentando chegar à fronteira dos Estados Unidos, mas encontrando no caminho um muro recém-construído. O anúncio foi considerado político demais e a Fox o rejeitou, obrigando o anunciante, a 84 Lumber, a cortar o anúncio pela metade e exibir o resto no YouTube. Ele se tornou o nosso anúncio mais assistido no Super Bowl de 2017.

As forças que estão levando atletas e celebridades a se tornarem menos cautelosos a respeito dos seus pontos de vista e valores (como expliquei no capítulo 4) estão tendo o mesmo efeito nas marcas. Os millennials agora esperam que as corporações sejam mais autênticas, mais sinceras e socialmente mais conscientes. Poucos anos atrás, os anúncios costumaram reforçar os estereótipos de gênero e objetificar as mulheres. Hoje, os anúncios são vistos como uma oportunidade de iluminar e empoderar grupos subrepresentados, e não degradá-los.

Essa oportunidade pode, às vezes, se tornar um campo minado. A Pepsi foi ampla e severamente criticada por um comercial estrelado por Kendall Jenner que pareceu se apropriar de imagens de recentes manifestações de protesto #BlackLivesMatter, sugerindo (intencionalmente ou não) que o refrigerante poderia ser capaz de curar profundas feridas cívicas. Mas, para cada passo em falso, tem havido bem mais exemplos de anúncios comoventes que ajudam a elevar o entendimento e a empatia sociais.

Uma das pioneiras dessa tendência foi a Dove. Em 2004, a marca examinou os resultados de um estudo mundial que revelou que somente 23% das mulheres acreditaram ter decidido sozinhas o que significava ser bonita, em vez de esses padrões lhes terem sido impostos pela sociedade. Em resposta, a Dove fez um vídeo chamado "Evolution", no qual uma jovem se senta em uma cadeira de maquiagem, com a câmera focalizada no seu rosto. De repente, o vídeo muda para *time lapse* enquanto uma equipe de estilistas aplica maquiagem profissional antes que o flash de um fotógrafo dispare várias vezes. O vídeo trava em uma dessas imagens antes que ela seja digitalmente retocada. Em seguida, o pescoço da modelo é estendido e estreitado, seus olhos são levantados e depois aumentados, e as maçãs do rosto são reduzidas. A câmera então gira para fora para mostrar a imagem corrigida pelo Photoshop no anúncio de um novo cosmético em um outdoor. Embora o produto seja fraudulento, o outdoor parece extremamente real para os transeuntes. O comercial esmorece e fica preto antes que apareça a mensagem de encerramento: "Não é de se estranhar que nossa percepção da beleza seja distorcida." O vídeo de 74 segundos foi carregado no YouTube, e recebeu 2 milhões de visualizações nas suas duas primeiras semanas.

Anos depois, a Dove fez uma sequência para esse anúncio, um vídeo intitulado "Dove Real Beauty Sketches". Outro estudo que a marca conduziu havia mostrado que somente 4% das mulheres no mundo inteiro se consideravam bonitas. No filme, é solicitado às mulheres que se sentem atrás de uma cortina enquanto um artista as interroga a respeito da aparência e faz croquis do rosto delas. As mulheres saem da sala e então o artista refaz os croquis, desta vez com base em descrições fornecidas por desconhecidos que as mulheres tinham acabado de conhecer.

Os resultados são chocantes. Os croquis baseados nas informações das próprias mulheres são sombrios e pouco lisonjeiros; os croquis baseados nas informações dos desconhecidos são mais amigáveis, felizes e atraentes. São também muito mais precisos. O vídeo termina com a mensagem: "Você é mais bonita do que pensa." Ele foi lançado em uma versão de 3 minutos e outra de 6. Em uma semana, os anúncios, juntos, tiveram mais de 15 milhões de visualizações. Tanto o "Evolution" quanto o "Dove Real Beauty Sketches" fizeram parte de uma operação de publicidade de vários anos da Dove chamada "Campanha da Beleza". Ela foi considerada pela revista *Advertising Age* a Melhor Campanha Publicitária do Século XXI.

Entre essas mudanças — formatos mais longos, anúncios que você pode pular, o desejo de mensagens empoderadoras — talvez nada tenha pressionado mais os anunciantes a sair de sua zona de conforto do que formar parcerias com os criadores da internet. E nenhum criador sabe mais a respeito de formar parcerias bem-sucedidas com marcas do que Casey Neistat.

Casey, vlogger e cineasta, trabalhou com algumas das maiores marcas do mundo para criar vídeos que sistematicamente fazem muito sucesso. Quando falam sobre o trabalho de Casey com as marcas — parcerias de renome com a Nike, a Samsung e a Mercedes-Benz —, as pessoas tendem a usar frases como "toque mágico" para descrever sua capacidade de criar para as empresas um conteúdo que viraliza. Mas, quanto mais você conhece Casey — quanto mais vídeos dele você assiste e quanto mais sabe da sua vida pregressa —, mais você percebe que o que ele faz não tem nada ver com mágica.

Antes que Casey postasse seu primeiro vídeo no YouTube, em 2010, ele havia produzido dois filmes, sido indicado para um Emmy, ganhado um Independent Spirit Award, tido seus curtas-metragens exibidos em exposições de arte internacionais e vendido uma série para a HBO escrita, estrelada, dirigida, editada e produzida por ele e seu irmão. Antes disso, ele era um pai adolescente que morava em uma área de trailers. Sua familiaridade e seu sucesso em quase todos os veículos visuais, do cinema independente ao Snapchat, nasceram de anos de trabalho árduo e dedicação para superar a adversidade. E tudo isso foi feito no esforço de encontrar um megafone.

"Eu era o filho esquecido", me disse Casey, quando nos encontramos em uma manhã de terça-feira no seu estúdio na área sul de Manhattan,* o mesmo que ocupa há mais de uma década. Era um dia de verão em Nova York, e Casey vestia uma camiseta branca e tinha óculos Wayfarers modificados no alto da cabeça. Enquanto conversávamos do lado de dentro, uma fila de turistas já se formara do lado de fora do prédio, esperando para vê-lo de relance quando fosse embora mais tarde. ("Isso não é nada. A fila terá quadruplicado lá pelas duas horas.")

"Nasce o primogênito, depois a única menina e depois o bebê, e você sabe, esse sujeito ferrado que foi o terceiro, nascido 13 meses depois da minha irmã; um total acidente... Sempre fui o mais barulhento quando eu era criança porque eu estava faminto por atenção."

---

*O estúdio de Casey, por si só, uma rica e criativa declaração, um espaço em meio a um caos controlado no qual cada lente de câmera, cada ferramenta, cada instrumento, cada prancha de skate está exposta, organizada e rotulada no local que lhe foi designado. Eu poderia gastar mil palavras para descrevê-lo para você, mas sugiro fortemente que assista a uma das numerosas turnês do estúdio que Casey fez ao longo dos anos. (*N. do A.*)

Esse desejo não foi muito útil para ele na escola, onde costumava se meter em apuros. Na nona série, seus professores o chamavam de fracassado, dizendo que ele iria trabalhar em um posto de gasolina ou acabar na prisão porque não acompanhava o programa. "Eu sabia que eles estavam errados ao dizer isso, e sabia que havia outro caminho para encontrar felicidade e realização na vida profissional e pessoal. Eu sabia disso. Mas eles discordavam inteiramente. E me expulsaram da escola porque sabiam que estavam certos."

Depois que seus pais se divorciaram, ele teve uma discussão séria com a mãe e foi embora de casa para sempre, aos 15 anos de idade. Depois de ficar algum tempo com uns amigos, ele foi morar com duas garotas, uma das quais veio a ser sua namorada. Mais tarde, quando ela brigou com a companheira de apartamento, ela e Casey decidiram deixar Connecticut e se mudar para a Virgínia, onde o irmão mais velho de Casey, Van, estava frequentando a Faculdade de William e Mary.

Van adotou legalmente o irmão para que Casey pudesse frequentar uma escola de ensino médio da cidade, mas três meses depois, ele precisou largar a escola, porque a namorada engravidara. Casey e ela voltaram para Connecticut, onde ele conseguiu um emprego em um restaurante de frutos do mar em Mystic chamado Jamms, onde trabalhava à noite lavando louça por US$8 por hora. Quando seu filho, Owen, nasceu, Casey tinha apenas 17 anos.

Depois de passar um ano e meio morando em um parque de trailers e economizando algum dinheiro, Casey e a namorada, nas suas primeiras férias, levaram Owen para Nova York, onde seu irmão Van morava na época. A família levou Owen ao zoológico, uma excursão que Van filmou e editou com Casey no seu novo iMac. Casey ficou tão empolgado com o processo que, quando voltou para Connecticut, imediatamente usou o limite do seu cartão de crédito para comprar seu próprio iMac, junto com uma câmera de vídeo.

Esse foi o início da carreira de cineasta de Casey. Seus primeiros vídeos foram de Owen andando de trem, brincando no lago e abrindo uma lata de Ovomaltine com uma colher de madeira. Tendo Owen como seu tema, me disse Casey, "encontrei pela primeira vez uma maneira de compartilhar minha voz". No entanto, ele precisou gravar por cima de muitos daqueles filmes, porque não tinha dinheiro para comprar fitas DV novas. "Você não faz ideia do quanto eu me condeno agora por ter feito isso."

Alguns meses depois, Casey e a namorada terminaram e ele foi morar com um amigo do restaurante. Percebendo que tinha poucos motivos para permanecer em Connecticut, ele decidiu se mudar para Nova York e perseguir seu sonho de se tornar um cineasta, indo visitar Owen todos os fins de semana.* Ele embarcou em um trem para Penn Station com uma mochila com roupas, seu iMac e US$800. Depois de começar trabalhando na cidade como mensageiro de bicicleta, ele foi trabalhar no estúdio do artista Tom Sachs, onde seu irmão trabalhava como assistente.** Embora ele e Van trabalhassem para Tom durante o dia, passavam a noite e o seu tempo livre fazendo vídeos juntos, além de pegar trabalhos avulsos de filmagem e edição.

Depois, em 2003, algo marcante aconteceu: o iPod de Casey morreu. Depois de 18 meses, sua bateria perdeu a

*Ele fez isso durante 14 anos. (*N. do A.*)

**Casey tinha ouvido falar que Tom estava disposto a pagar uma recompensa de US$10 por cada barricada da polícia que qualquer pessoa lhe levasse e que ele pudesse usar em uma escultura. Ele passou uma noite inteira caminhando sozinho e localizando barricadas, desmontando-as e colocando-as em um carrinho de mão que ele pegara emprestado. Ele as levou até o estúdio de Tom, onde o artista, impressionado com o esforço dele, lhe ofereceu um emprego. (*N. do A.*)

capacidade de manter a carga. Quando ele foi à Apple Store comprar uma nova bateria, foi informado de que era insubstituível e que ele teria de pagar US$250 mais o frete para que ela fosse substituída ou US$300 ou US$400 para comprar um novo iPod. Frustrado, ele decidiu fazer um filme a respeito daquilo. Em "iPod's Dirty Secret",* Van filma Casey enquanto este passeia por Nova York borrifando tinta nos anúncios do iPod com um estêncil que diz "A BATERIA INSUBSTITUÍVEL DO IPOD DURA APENAS 18 MESES". O vídeo, que dura pouco mais de dois minutos, tem, primeiro, a trilha sonora da ligação de Casey para o telefone de atendimento ao cliente da Apple e, depois, da música "Express Yourself"** do grupo Public Enemy. O vídeo termina com um intertítulo colocado sobre uma tela de bateria descarregada que diz: "uma mensagem de utilidade pública dos Neistat Brothers".

Depois de postado no site ipodsdirtysecret.com (isso foi antes do YouTube), o vídeo viralizou, atraindo mais de 6 milhões de visualizações. Ele obteve a atenção do jornal *Washington Post*, da revista *Rolling Stone* e da BBC, gerando até mesmo uma entrevista com os irmãos na Fox News. Pouco mais de um mês depois, a Apple anunciou uma política de substituição da bateria e um programa de garantia estendida do iPod. "O 'iPod's Dirty Secret' é um exemplo bastante literal de quando eu era um menino frustrado e incapaz de gritar alto o bastante", declarou Casey. "E então, faço um vídeo a respeito disso, e o mundo inteiro pode me ouvir gritar."

Logo o interesse pelos irmãos Neistat cresceu, e os dois começaram a fazer as coisas por conta própria. No início,

*"O Segredo Sórdido do iPod", em tradução livre. (*N. da T.*)
**"Manifeste-se", em tradução livre. (*N. da T.*)

eles ficaram em evidência no mundo das belas-artes, a única indústria que sabia o que fazer com os curtas-metragens deles. Uma série de curtas feitos por eles chamada *Science Experiments* foi apresentada na Bienal de São Paulo.* Mas então, em 2006, Tom Scott, um dos fundadores de Nantucket Nectars, procurou os irmãos com uma proposta. Ele vira "iPod's Dirty Secret" e alguns dos outros filmes, gostara da estética e queria que eles produzissem conteúdo para uma nova rede a cabo que ele criara a chamada Plum TV (voltada para espectadores abastados em áreas turísticas como Martha's Vineyard e Sun Valley).

Os irmãos concordaram e os resultados iniciais foram tão encorajadores que Tom se ofereceu para financiá-los para que fizessem um programa de televisão. Essa oferta se tornou os *Neistat Brothers*, uma série com oito episódios que os três venderam para a HBO em 2008.

Chamar o programa de excepcional é pouco, especialmente ao se considerar a época. Cada episódio do *The Neistat Brothers* é uma coleção intricada e primorosa de curtas de duração variada, com Casey e Van dispondo de 15 minutos de conteúdo cada um. Cada parte de cada episódio é bem pensada, desde as animações com a técnica de *stop motion* que introduzem cada episódio aos créditos finais, mostrando-se diferente a cada vez. A complexidade do programa traz à lembrança um filme de Wes Anderson, mas sem as arestas suaves ou o intenso polimento. Se a produção cinematográfica sob medida de Anderson parecia um terno de três peças, os irmãos Neistat teciam para você um suéter feito em casa.

---

*Você ainda consegue assistir a esses filmes na página de Van Neistat no Vimeo. (*N. do A.*)

Alguns dos seus curtas-metragens eram fragmentos divertidos e digeríveis, como aquele em que Van fala sobre como todo mundo parou de escutá-lo quando ele raspou a barba e passou a usar bigode. Outros são reflexões pessoais, como Casey discutindo a dúvida interna entre seu desejo egocêntrico de continuar solteiro e seu amor por Candice Pool, a mulher que mais tarde se tornaria sua esposa. Talvez o episódio mais memorável documente os irmãos vendendo o programa para a HBO dias depois de o diretor de programação da empresa — o que tinha inicialmente demonstrado interesse pelo trabalho deles — ser demitido.

Van filma a si mesmo andando de um lado para o outro no seu quarto de hotel vestindo um roupão de banho depois de uma boa reunião com a HBO. Mas a boa notícia é ofuscada pelo fato de que ele estava prestes a se divorciar; com seu maior sucesso profissional acontecendo no exato momento em que sua vida pessoal começa a descarrilar. Quando ele se dá conta de como sua vida está prestes a mudar, de algumas maneiras para melhor e de outras para pior, ele pensa em voz alta, incapaz de olhar diretamente para a câmera. "Tenho que voltar para casa e fazer algumas coisas muito difíceis... Portanto, isto é apenas um vislumbre do que acontece" — ele faz uma pausa, registrando o que está dizendo antes de continuar — "do que acontece quando nossos sonhos realmente começam a se tornar realidade."

Enquanto trabalhava na série, Casey também produziu dois filmes com Tom, ambos estrearam em Cannes. O segundo desses filmes, *Daddy Longlegs*, a respeito de um jovem pai irresponsável dividido entre a infância e a idade adulta, ganhou o Independent Spirit John Cassavetes Award, uma homenagem ao melhor filme de longa-metragem de um diretor novato com um orçamento inferior a US$500 mil (o prêmio foi ganho anteriormente por *A bruxa de Blair* e *O agente da estação*).

Casey também trabalhou em uma série de curtas-metragens para o *New York Times*, um dos quais, *Dinner Plans*, foi indicado para um Emmy. Ele perdeu para o filme viral criado em apoio à candidatura de Barack Obama por Will.i.am, *Yes We Can*.*

Mas esses destaques profissionais foram sucedidos pelos dois anos que Casey passou enredado no que ele chama de "política da grande mídia". Embora a HBO tivesse comprado o programa, sua nova diretora de programação achou que ele era um filme de orçamento barato demais para a direção na qual ela queria conduzir a rede. Depois de segurar o programa durante dois anos, *The Neistat Brothers* acabou sendo exibido sexta-feira à meia-noite, talvez o pior horário na grade de programação. *Daddy Longlegs* levou esses mesmos dois anos para encontrar distribuição e estrear nos cinemas. "E, nesses dois anos, eu não fiz nada", diz Casey. O fato de não ter criado nenhum trabalho naquela época o deixou emocionalmente "destruído" e desiludido com relação ao seu sonho de se tornar um cineasta do primeiro time.

"Esse foi o momento da virada", me disse ele, "quando eu disse: 'Não, não, não. O que eu amo não é a política. Não é ir àquelas festas elegantes. Não são os smokings e as limusines. O que eu amo é o ato de criação.' E, ao abraçar

*Em uma cena hilária em *The Neistat Brothers*, Van é atormentado pela ansiedade quando o nome dos indicados são lidos enquanto ele e Casey, vestindo smokings, estão sentados durante a cerimônia. "Ninguém me disse que estávamos concorrendo com o maldito filme de Barack Obama!", diz ele antes de acender um cigarro no auditório e ser expulso do recinto. (*N. do A.*)

os aspectos errados desse mundo da mídia — ou seja, o da grande mídia —, fui afastado desse ato de criação e enviado para outra coisa."

Então, em vez de correr atrás de outro negócio com a televisão, em vez de dirigir a empresa de produção que ele tinha formado com Tom Scott, em vez de trabalhar novamente junto com o irmão, Casey se pôs novamente em campo sozinho, para o "abraço caloroso do YouTube".

Perguntei a ele o que tinha sentido ao dar as costas a essas parcerias e se dedicar sozinho ao YouTube. Apesar da grande decisão, disse ele, "não foi necessária uma avaliação longa ou difícil para olhar em volta e perceber que minha melhor opção era a internet. Mas posso afirmar que me lembro vividamente do primeiro vídeo que fiz e no qual coloquei meu nome, Casey Neistat, em vez de Neistat Brothers, e me senti estranho."*

Com o tempo, no entanto, quanto mais ele trabalhava sozinho, mais ele gostava do que fazia. "Quando você tem um parceiro, você tem alguém a quem culpar por todos os fracassos e a quem atribuir todo o sucesso. E quando está sozinho, tudo cai em cima de você, e eu simplesmente adoro isso."

Seus primeiros filmes disponibilizados no YouTube refletiram o cuidado e a atenção que ele tinha demonstrado no seu programa na televisão, cada um deles levando mais ou menos um mês para ser filmado e editado. Seu nono vídeo, chamado "Bike Lanes", foi seu primeiro sucesso viral individual, e mostra Casey indo de encontro a numerosos

*"Chatroulette", no qual ele faz uma experiência com o site que teve uma breve popularidade. (*N. do A.*)

obstáculos que estavam obstruindo as ciclovias de Nova York depois de ter recebido uma multa por andar de bicicleta fora de uma ciclovia. O vídeo termina com ele batendo em um carro de polícia, enfatizando como ele considerava a multa hipócrita.

Mas o sucesso de "Bike Lanes" não poderia tê-lo preparado para o grande sucesso de "Make it Count", um filme que ele fez em colaboração para o recém-lançado *fitness tracker* [rastreador de fitness] FuelBand da Nike. Mais uma vez, um dispositivo móvel estava prestes a mudar sua vida.

"Até aqui, esta viagem tem um começo irresponsável", diz Casey no início do anúncio. Ele está se referindo ao fato de ele ter chegado atrasado ao aeroporto, mas a frase tem uma ressonância maior. Casey e seu amigo, o cineasta Max Joseph, já tinham feito dois filmes para a Nike para promover o dispositivo portátil. Eles deveriam fazer um terceiro, baseado no slogan da Nike para o produto, "Make it Count". No entanto, Casey mudou de planos na última hora e decidiu usar o orçamento para que os dois, em vez disso, partissem em uma aventura internacional. Eles iriam para o aeroporto sem um plano e continuariam a viajar até que o dinheiro acabasse. Isso aconteceu em dez dias, durante os quais ele visitaram 13 países em três continentes.

Isso soa mais irresponsável do que parece. O filme de quatro minutos e meio é uma bela coleção de *jump cuts** de cenas ao redor do mundo, enquanto Casey corre, salta,

*Do inglês, cortes secos. (*N. da T.*)

faz saltos mortais duplos e anda de skate em Paris, Cairo, Bangkok e Roma. Ele e Max visitam as pirâmides de Gizé, vão até a Zâmbia para ver as cataratas de Victoria, visitam os destroços do cruzeiro *Costa Concórdia* na Itália e, em uma sequência assustadora, Casey pula de um penhasco no Bimmah Sinkhole em Omã, uma queda de 20 metros. Ele também faz uma tatuagem no antebraço com os dizeres "FAÇA MAIS". E tudo isso começa com Casey abrindo a embalagem de um Nike FuelBand novinho em folha.

Ao ver o filme editado, a Nike foi inteligente o bastante para perceber seu potencial. Casey estreou o filme no seu canal do YouTube antes que a Nike fizesse o upload para o dela. Ele obteve 9 milhões de visualizações em menos de três dias. Uma história publicada no Mashable perguntou se aquela seria a melhor história de marca jamais contada.

A mídia se apressou em chamar atenção para o fato de que Casey tinha "trapaceado", mas, embora não tivesse revelado nenhuma sequência de filmagem para a Nike antes de terminar o filme, ele disse que agira com a confiança da marca. "Não me queime", foi a única coisa que seu contato lhe dissera.

"Há uma razão pela qual a Nike tem a idade de marca que tem", me disse Casey. "É o fato de eles correrem riscos. Eles são realmente criativos e entendem que você vende uma ideia e depois todo mundo compra o produto. Você nunca vende o produto porque ninguém se importa."

Depois daquilo, os telefonemas das grandes marcas não pararam. Ele fez um filme para a J. Crew para promover o terno que não amassa, dando dicas sobre como viajar com estilo, em cenas nas quais surfa vestido com lã italiana. Ele filmou um comercial da Mercedes para o novo modelo CLA da empresa, correndo nele em Bonneville Salt Flats com uma modelo vestindo um biquíni da bandeira norte-americana. E ele fez um vídeo de propaganda para o *remake* de *A vida secreta de Walter Mitty*, usando o orçamento do anúncio para comprar e entregar suprimentos de socorro às vítimas do Tufão Haiyan nas Filipinas. Todos foram enormes sucessos.

Além de trabalhar com as marcas, Casey começou sua própria empresa de tecnologia, chamada Beme. O aplicativo da Beme foi projetado para que as pessoas pudessem rapidamente compartilhar vídeos do que quer que estivessem vendo, sem edições, segurando o telefone na altura do peito. O aplicativo gravava automaticamente durante quatro segundos e depois imediatamente compartilhava o vídeo no aplicativo sem dar ao usuário a chance de revisá-lo. Para ajudar a documentar o progresso da sua nova empresa e apresentar um desafio criativo a si mesmo, Casey se comprometeu a se tornar um vlogger diário.

É impossível assistir ao canal de Casey e não se sentir inspirado a começar a filmar o mundo à sua volta. A maneira como ele é capaz de retratar seu ambiente — por meio de *time-lapses*, de belas sequências aéreas filmadas por drones, da janela de qualquer avião em que ele viaje para onde quer que a vida o leve — nos ajuda a reconhecer como o mundo à nossa volta é realmente interessante, se você se der o trabalho de captá-lo. É difícil saber quantas pessoas foram inspiradas pelo seu estilo visual, mas seu impacto pode ser detectado nos canais de dezenas, ou até mesmo centenas, de outros YouTubers.

Além de poder ver essa bela filmagem, é muito divertido assistir ao canal de Casey, que está cheio de filmes memoráveis. Ele praticou snowboard nas ruas de Nova York depois de uma nevasca, puxado por um jipe. Ajudou seu amigo e colega YouTuber Jesse Wellens a se vestir como Aladim e andar em um tapete voador em Nova York (na verdade, uma prancha de skate elétrica escondida embaixo de uma estrutura de pano — mas bastante convincente).

Há também, é claro, os vídeos dos bastidores dos vários filmes que Casey filmou para a Samsung. Entre eles estão organizar um especial de tapete vermelho do Oscar em 360 graus, se pendurar em uma escada de corda em um helicóptero que voa diante do letreiro de Hollywood e praticar snowboard sobre um vilarejo de esqui finlandês preso a um enorme drone com oito rotores fabricado sob encomenda.

Mais tarde, quando contei para John Green que eu estivera há pouco tempo com Casey no estúdio dele, John me disse o seguinte: "É difícil acreditar que ele e eu temos o mesmo emprego."

Recentemente, Casey visitou o YouTube para um dia de reuniões com a nossa equipe e fez a gentileza de se sentar comigo para uma sessão de perguntas e respostas com nossos funcionários. Ele vestia uma camiseta cinza sobre uma camisa térmica branca de manga comprida, calça jeans rasgada, meias listradas em preto e branco e os mesmos óculos Wayfarer modificados no alto da cabeça. Falamos sobre diversos temas, mas logo seu trabalho com as marcas veio à tona. Um dos nossos funcionários perguntou a ele quais eram as características inconfundíveis de uma parceria de marca bem-sucedida.

"Como faço uploads diários, a oportunidade de trabalhar com marcas é tremenda porque faço uploads de qualquer maneira, então, temos de descobrir como podemos nos integrar. Bom para você, bom para mim. Mas a realidade está muito longe disso." Ele começou contando a história de que, na véspera do dia em que visitou o YouTube, sua agente o procurara com a oportunidade de uma marca grande e famosa com visão específica para uma parceria e ótima remuneração. Ele dera uma olhada na oferta e começara a redigir uma resposta para sua agente.

"Você pode compartilhar este e-mail com eles se quiser", escreveu Casey para a agente. "Esta é a campanha mais idiota de que já ouvi falar. E eis o que vai acontecer. Eles estão fazendo isso com dez YouTubers. Eu vou dizer que estou fora. Os outros nove vão dizer: 'Essa é uma ótima remuneração.' Eles farão exatamente o que está sendo pedido. Eles receberão 1 milhão de comentários dizendo: 'Isso é idiota, você foi comprado.' Eles receberão 1 milhão de *dislikes*. Os índices de audiência deles cairão temporariamente. A agência pegará os dados brutos, irá até o cliente e dirá: 'Vejam o efeito que tivemos na mídia — que maravilha!'" Aqui Casey levanta os dois polegares. "E a realidade é que o cliente não ganha, a agência parece idiota e o criador do YouTube perde.

"Diga a eles que procurem os criadores de que realmente gostam, criem um relacionamento dinâmico com eles e depois empoderem o criador. 'Aqui está o nosso produto, aqui está o que estamos tentando realizar. O que você é capaz de fazer? Como vocês podem trabalhar isso naturalmente de um jeito que seus espectadores considerem significativo?'"

Ele enviou o e-mail para sua agente. Ela telefonou para ele na manhã seguinte depois de ter encaminhado o e-mail para o cliente. "Eles estão preparados para duplicar o orçamento e deixar você trabalhar do jeito que quiser."

Casey reconheceu que a história refletia uma atitude cínica. "Não estou querendo passar a perna nos clientes ou nas agências", declarou ele. Ele se solidarizava com as rápidas mudanças que estavam ocorrendo no mundo da publicidade depois de décadas em que tudo era feito de uma determinada maneira. O perigo, argumentou ele, era que os garotos rejeitassem as parcerias com criadores que parecessem fingidos ou inautênticos.

Mais tarde, no seu estúdio, ele explicou por que as pessoas tinham se tornado tão alérgicas às integrações forçadas entre marcas e criadores. "A essência disso é que nós, seres humanos, estamos hoje completamente saturados de mídia. Literalmente, enquanto estou falando com você, vejo uma tela com meu olho direito, vejo uma tela com meu olho esquerdo, e vejo ainda outras duas telas mais adiante. O que isso fez foi uma espécie de detectores de papo furado em um grau que, se algo for papo furado ou cheirar mal, mesmo que levemente, não o enxergamos; nós o desconsideramos completamente. E eu sempre digo: a única coisa pior do que algo ruim é algo invisível. É como eu descrevo 99,9% de toda propaganda; é deliberadamente invisível. Você nem mesmo a vê. Nem mesmo sabe que ela existe. De modo que, para ser eficaz, é preciso penetrar nisso."

Ele explicou que, em um mundo onde todos têm a guarda levantada, "a influência é a única coisa que importa no marketing. Quem tem toda a influência no momento? As pessoas que estão no jogo social. Qual é a hierarquia no jogo social? Você tem todas as outras pessoas e depois, no topo, tem o YouTube. No mundo do marketing, não existe autoridade maior do que o YouTube e os YouTubers."

Até eu estava um pouco cético com relação a isso, mas ele continuou a apresentar suas razões: "Nunca antes na história da humanidade tivemos a oportunidade de nos comunicarmos com o mundo da maneira como a internet possibilitou que fizéssemos. E, quando se trata da maneira mais eficaz de nos comunicarmos com esse mundo, o vídeo é o veículo supremo de comunicação. Com o vídeo sendo o veículo supremo de comunicação, o conduto supremo e absoluto para esse veículo é o YouTube. E isso é fácil de confirmar com métodos objetivos e quantificáveis. Kim Kardashian tem 60 milhões de seguidores no Twitter. Isso significa que, quando ela posta algo no Twitter, quantos rolam o texto? E, quando eles rolam, por quanto tempo eles olham para ele? E, mesmo que cada um deles preste atenção e leia tudo, ela tem a oportunidade de transmitir uma mensagem com 140* caracteres em preto e branco.

"Tenho dez minutos por dia de áudio, de vídeo, de maneiras cativantes de comunicar uma mensagem. Não existe *nada* que tenha esse poder. A televisão não tem, nem nada na história da comunicação. E essa é a oportunidade."

Ainda assim, algumas empresas relutam em confiar suas marcas a astros e estrelas da mídia social cujo sucesso elas talvez não entendam completamente. Muitas das maiores empresas do mundo adquiriram esse status moldando e controlando cuidadosamente suas marcas ao longo de décadas. E no passado, quando trabalharam com celebri-

*Hoje, o Twitter aumentou o número de caracteres para 280. *(N. do E.)*

dades que as endossavam, elas continuavam a controlar a mensagem e o veículo. Quando George Clooney aparece em um comercial do Nespresso, ele não tem o controle criativo do conteúdo; ele desempenha um papel em um comercial.

No entanto, quase todos os YouTubers conquistaram seus seguidores sendo eles mesmos e demonstrando sua autenticidade. Os millennials que os assistem, muitos dos quais desconfiam intrinsecamente das corporações, podem encarar qualquer acordo de patrocínio como não autêntico, especialmente quando parece forçado ou incompatível com a identidade do criador.

Em última análise, toda marca precisa descobrir seu próprio nível de conforto ao trabalhar com influenciadores. A Nike ou a Mercedes pode se sentir perfeitamente à vontade em depositar sua confiança em um criador e deixar que essa pessoa produza sua própria visão. No caso de marcas mais antigas e tradicionais, isso pode parecer arriscado demais. Mas a única maneira pela qual uma empresa poderá descobrir seus próprios limites é se arriscando na sua criatividade.

Quero deixar bem claro que, quando digo que os anunciantes devem se sentir mais à vontade com o risco, não estou de jeito nenhum sugerindo que eles façam concessões com relação ao lugar onde seus anúncios aparecem. O YouTube recentemente foi alvo de uma merecida crítica de anunciantes e agências quando descobriram que nossos algoritmos estavam colocando anúncios ao lado de conteúdos que violavam nossas próprias políticas. Em alguns exemplos deploráveis, as marcas descobriram que seus anúncios estavam passando antes de vídeos que exibiam cenas abomináveis, levando algumas a suspender sua publicidade. Desde então, tomamos importantes medidas para resolver o problema, reformulando nossos algoritmos para que possam identificar melhor o conteúdo amigável aos anúncios e aumentando as salvaguardas de maneira que as marcas tenham um controle mais rígido sobre o lugar onde seus anúncios aparecem.

Então, o que de fato significa para um anunciante sair da sua zona de conforto?

Bem, para a rede brasileira de restaurantes *fast casual* Spoleto, significou transformar um constrangimento em uma oportunidade. Na época do Natal, o grupo de comédia Porta dos Fundos fez um vídeo zombando da reputação da rede de ter um serviço ao cliente de baixa qualidade. No clipe, uma mulher que vai jantar em um dos restaurantes tem dificuldade em escolher os ingredientes para seu prato de massa. O garçom, impaciente, fica furioso, e joga palmitos no rosto da mulher e a ofende, fazendo com que ela irrompa em lágrimas. "Ninguém mandou você vir jantar no inferno!", grita ele para mulher.

O grupo presumiu que a rede Spoleto fosse odiar o vídeo. Em vez disso, a empresa decidiu que era melhor aproveitar a brincadeira. Entrou em contato com o Porta dos Fundos e pediu que o grupo fizesse alguns episódios de continuação, nos quais o garçom é demitido, procura o treino cognitivo do controle da raiva e volta para a empresa sob o olhar vigilante da gerência. Os novos vídeos continuaram a ser incisivos e engraçados, mas com a mensagem principal de que os clientes poderiam esperar um serviço melhor na rede de restaurantes. Foi uma aposta para o Spoleto, mas os três vídeos encomendados atraíram milhões de visualizações. Nenhum outro vídeo no canal do Spoleto tem mais de 300 mil visualizações.

A boa notócia é que o potencial para que as parcerias com criadores sejam bem-sucedidas é bastante elevado. As marcas que querem formar parcerias com influenciadores sociais têm o luxo de trabalhar com pessoas que já demonstraram sua capacidade de obter e manter atenção, geralmente pagando por muito menos do que pagariam pelo endosso de uma celebridade. E, como os criadores interagem diretamente com os espectadores por meio de comentários e tweets, eles turvam o limite entre celebridade e amigo, o que confere a eles uma poderosa capacidade para influenciar as opiniões.

É importante assinalar que os criadores têm a responsabilidade legal de divulgar com clareza qualquer relacionamento material com as marcas ao promover ou apoiar produtos na mídia social, mas, mesmo deixando claro esse vínculo, os criadores ainda atuam como poderosos defensores das marcas. Quando fizemos um levantamento junto aos nossos assinantes adolescentes e millennials, 60% deles nos disseram que seguiriam o conselho dos seus criadores favoritos a respeito do que comprar.

Então, como você escolhe o criador certo para formar uma parceria? "Você faz o dever de casa", disse Casey. "Você não escolhe uma pessoa com base nos números dela. Você quer saber como vai ser trabalhar com Tyler Oakley? Assista aos seiscentos vídeos que estão on-line. Conheça exatamente quem ele é e como ele é. Porque a ocasião em que você mais ou menos impõe e exerce o controle não é depois de assumir o compromisso; é antes.

"Você pode escolher entre 20 milhões de criadores. Encontre um que se encaixe exatamente no que você deseja. E então, tudo depois disso precisa se basear na confiança." Ele fez uma pausa. "E isso é assustador para os anunciantes."

Quando falo com os anunciantes a respeito dos desafios de gerenciar suas marcas na era digital, digo a eles que isso deve ser como criar um filho adolescente. Quando minhas filhas eram mais novas, era fácil fazer com que elas ouvissem a mim e a mãe delas. Podíamos exercer algum grau de controle sobre suas vidas, dizendo-lhes quando deveriam fazer o dever de casa, quando deveriam ir para a cama e onde poderiam passar as horas em que não estavam na escola.

Agora nossas duas filhas são adolescentes, e constantemente nos encontramos em situações nas quais desejamos estar no controle mas sabemos que não podemos estar. Minha filha mais velha recentemente começou a dirigir, então tem mais autonomia do que tinha há alguns meses. Como qualquer pai ou mãe de um adolescente poderá lhe dizer, a tensão entre o desejo dos pais de demonstrar autoridade e a necessidade da criança de expressar sua crescente maturidade e liberdade pode causar um profundo mal-estar. Mas esse mal-estar é uma parte necessária do processo de permitir que a identidade de uma criança floresça.

As marcas que desejam formar parcerias bem-sucedidas com YouTubers precisam adotar a mesma atitude: devem se mostrar dispostas a diminuir o controle de tempos em tempos, entregar as chaves. De vez em quando, elas têm que se sentir à vontade com não saber o que vai acontecer depois.

12. Rock dos *Streampunks*!

Ascensão e queda da indústria da música

Estou prestes a apresentar Scooter Braun para a plateia, e não tenho a menor ideia do que ele vai dizer. Convidei Scooter para falar em um discurso de abertura que vou proferir na CES, a enorme conferência de eletrônicos de consumo que acontece todos os anos em Las Vegas. E embora minha equipe tenha falado com a dele e tenhamos sugerido que ele abordasse a influência do YouTube no sucesso dos seus artistas, não sabemos o que ele vai falar. Ele desenvolveu sua carreira desafiando as convenções, e é óbvio que vai abordar sua fala da mesma maneira.

Depois de descobrir Justin Bieber no YouTube em 2007, Scooter construiu um dos negócios de gerenciamento de música mais bem-sucedidos da história. Além de representar Justin, ele hoje também representa Usher, Ariana Grande, Vic Mensa e Kanye West, entre outros. Ele também fundou a Schoolboy Records, um selo independente que teve vários sucessos incluídos no Top 40 de artistas, como Tori Kelly e Carly Rae Jepsen. E na sua última aventura, ele está produzindo vídeos digitais, filmes e programas na televisão, entre eles a série de suspense *Scorpion* da CBS, que envolve um grupo de hackers do bem que tem feito sucesso com os millennials.

"Senhoras e senhores, por favor deem as boas vindas ao fundador da SB Projects, Scooter Braun", digo ao público antes de me encaminhar para os bastidores.

Depois de um clipe dos maiores sucessos da sua empresa, Scooter entra no palco vestindo uma jaqueta de couro sobre um agasalho de moletom preto com o zíper aberto e uma camiseta. Ele está sem fazer a barba há alguns dias e mantém as mãos nos bolso da calça jeans enquanto fala. "Sou o cara da música, por isso não estou vestindo um terno", diz ele à audiência. Depois de agradecer ao YouTube por tê-lo convidado para falar, ele diz: "Subi ao palco e pensei: o que vou realmente dizer? Então, pensei: o que Robert está tentando comunicar? Ele está tentando falar sobre como vocês podem usar o YouTube para mudar a vida das pessoas e como o mundo está mudando por causa disso. E então compreendi que isso é a minha vida. Sou um exemplo vivo de como esse serviço pode mudar a vida de vocês."

A história de como o YouTube mudou a vida de Scooter começou em Atlanta. Quando aluno da Universidade Emory de Actes e Ciências, Scooter se tornou um promotor de festas incrivelmente bem-sucedido, promovendo festanças que atraíam centenas de estudantes universitários e também artistas locais como CeeLo Green, Ciara e Lil Jon. As pessoas repararam, e logo Scooter estava planejando festas para Britney Spears, *NSYNC e Ludacris quando eles iam à cidade. Em uma dessas festas, ele conheceu Jermaine Dupri, artista do rap e diretor do selo So So Def Recordings da Atlanta. Dupri ficou tão impressionado com Scooter que o convidou para se tornar diretor de marketing do seu selo. A colaboração durou três anos e meio, um período que incluiu alguns dos melhores anos da carreira de Jermaine.

Com o tempo, contudo, Scooter e o selo passaram a ter ideias diferentes a respeito de como os artistas podiam ser promovidos na era digital. Depois de ver a popularidade do MySpace, do Facebook (Emory foi uma das primeiras faculdades onde ele foi lançado), e de um novo serviço chamado YouTube, Scooter achou que poderia usar as ferramentas emergentes da mídia social para lançar um artista sem o apoio de um selo importante. Quando tentou promover essa abordagem no So So Def, ele foi completamente ignorado.

"Não por despeito", me disse Scooter, quando me encontrei com ele no seu escritório meses depois, "mas apenas porque eles disseram: 'Veja bem, você é realmente bom no que faz, mas isso nunca foi feito antes. E você é jovem. O que você sabe a respeito disso?'" Parecendo descontraído em uma jaqueta de couro marrom, calça jeans e tênis branco, ele me disse que se aconselhara na época com uma fonte improvável: Lil Jon.

Lil Jon trabalhara para a So So Def antes de se lançar como artista, e ele disse a Scooter que levara 12 anos para deixar o selo e perseguir seus sonhos. "Não leve 12 anos", aconselhou Lil Jon.

Pouco depois da conversa, Scooter se desligou da So So Def e, no intervalo entre trabalhos de marketing freelance,* ele começou a conceber uma estratégia para colocar em prática sua crença na mídia social. "Comecei pensando com meus botões: mais pessoas estão consumindo o YouTube do que a televisão, e elas estão consumindo de uma maneira íntima. No caso da televisão, você se senta em uma sala, pessoas entram e saem, você sabe que milhões de pessoas estão assistindo àquilo no mesmo momento que você. No caso do YouTube, você assiste no seu tempo, em particular, no seu celular ou no seu laptop."

Ele me contou como seu pai descobria música em vinil nas lojas de discos, enquanto ele tinha crescido com cassetes e mixtapes. "Eu pensei, essa coisa da mídia social, ela é a nova mixtape, é o novo vinil."

E depois, em 2007, ele viu um vídeo no YouTube de um garoto canadense de 12 anos chamado Justin Bieber em um show de talentos. Depois de uma extensa busca, ele conseguiu falar com a mãe de Justin, Pattie Mallette, no telefone. Depois de falar com ela durante duas horas, ele a convenceu a levar o filho para Atlanta, onde ele os instalou em um apartamento simples e começou a trabalhar para iniciar a carreira musical de Justin.

---

*Em uma jogada particularmente audaciosa, ele fingiu ser jornalista universitário para conseguir uma entrevista com uma executiva de marketing da Pontiac. Durante a reunião, ele admitiu que não estava lá para escrever um artigo sobre a executiva e sim para persuadi-la a fechar um contrato de patrocínio com Ludacris. Ela ficou furiosa, mas Scooter a convenceu a comparecer à estreia do novo filme de Ludacris, *Crash*. Depois de ver o desempenho dele no filme, ela concordou em fechar um contrato de endosso de US$12 milhões. *(N. do A.)*

Durante um ano e meio, trabalhou desenvolvendo o canal de Justin no YouTube para que tivesse uma enorme presença on-line. Os primeiros vídeos mostraram Justin cantando covers com uma guitarra acústica, bem como fragmentos destacando sua bateria. Alguns duravam três minutos, outros apenas trinta segundos, mas Scooter impunha a mesma regra em todos eles: "Eu nunca deixo Justin dizer: 'Meu nome é Justin Bieber, vou tocar.' Eu dizia; 'Apenas toque. Você nem mesmo precisa olhar para a câmera.' Eu queria fazer a coisa parecer voyeurística. Queria que as pessoas pensassem que estavam vendo algo que talvez não devessem estar vendo, de modo que pareceria ainda mais íntimo. Porque, se você fosse amigo dele, ele não diria: 'Meu nome é Justin Bieber. Vou tocar para você 'Cry Me a River'."

Os vídeos começaram lentamente a obter visualizações, mas nenhum realmente se comunicou da maneira como Scoother achou que eles se comunicariam. Eles filmaram vídeo após vídeo, até que, finalmente, o décimo sexto vídeo deles juntos, no qual Justin cantava um cover de "With You" de Chris Brown, viralizou. Da noite para o dia, ele alcançou 1 milhão de visualizações, o que produziu um efeito auréola em todos os seus outros vídeos. Logo, todos eles também cruzaram a linha de 1 milhão de visualizações. "Nós éramos a Netflix", disse Scooter. "Oferecíamos a você uma temporada inteira. Tínhamos um catálogo a que você podia assistir compulsivamente, e era isso que as pessoas faziam."

Quando o total de visualizações de Justin chegou a mais ou menos 60 milhões, Scooter começou a levá-lo a gravadoras em busca de um contrato. Todas o recusaram. "Todo mundo, literalmente, achou que eu estava louco", disse ele. Diziam para ele que os artistas do YouTube não se tornavam celebridades e que visualizações não levavam a vendas. Quando ele protestava, afirmando que Justin tinha mais audiência on-line do que outros artistas da gravadora, eles discordavam. Ele não é mais popular, lhe diziam; ele não lançou nenhum disco. "Não, ele é", dizia Scooter. "Vejam o que estou fazendo com o YouTube. Vejam como estou usando isto!" Quando ele tentou promover Justin para o lendário executivo da música Clive Davis, a equipe de Davis disse a Scooter que Clive não usava a internet e nunca daria uma olhada em um canal do YouTube. "Você pode nos dar um DVD?", perguntaram.

À medida que as recusas se acumularam, alguns dos amigos de Scooter tentaram intervir. Disseram para Scooter que ele ia destruir a carreira que construíra como um astro em ascensão na indústria. Disseram que ele desperdiçara um ano nesse projeto e que estava obcecado demais por ele. Mas Scooter não conseguia acreditar que as pessoas não estivessem enxergando o que ele via. Todos os dias ele acordava e constatava que o número de visualizações de Justin tinha aumentado. Ele disse aos seus amigos: "Não. Dediquei minha vida a isso. Eu estou certo."

Com o tempo, e com a ajuda de Usher (um amigo da época da So So Def), ele conseguiu um contrato para Justin com L. A. Reid, presidente e CEO da Island Def Jam Music Group na época. De acordo com Scooter, era um acordo que Reid não queria fazer, mas concordou na esperança de contratar Usher quando o contrato vigente deste terminasse. "O garoto não vai dar certo", teria dito Reid.

"Respeito a opinião desses caras", comentou Scooter. "E provavelmente serei como eles um dia, mais cedo do que mais tarde porque as coisas estão avançando muito rápido. Não estarei com 60 ou 70 anos; estarei por fora provavelmente aos 40 ou 50 anos devido à rapidez com que a tecnologia está progredindo, isso se eu não estiver por fora no ano que vem. Mas o que eu sei é aquilo que se tornou a norma absoluta e o estado de coisas atual — as pessoas achavam que eu estava maluco."

Descobrir novos artistas costumava ser um assunto que gastava literalmente a sola dos sapatos. Os músicos emergentes faziam shows de graça na esperança de serem ouvidos, enquanto a única maneira que os representantes da divisão de artistas e repertórios tinham de descobrir algo novo era comparecendo a inúmeros desses shows gratuitos ou ouvir as mixtapes em busca do próximo grande sucesso.

Hoje, as audiências podem fazer grande parte desse trabalho para eles. Um vídeo de música que faça muito sucesso é suficiente para transformar um artista ambicioso em um artista com contrato. Antes de Justin, esse modelo não existia. O YouTube era visto pela indústria da música como um lugar que exibia apenas duas coisas: vídeos de música oficiais de artistas importantes e clipes de amadores. Não era considerado um lugar onde se poderia descobrir uma celebridade até Scooter fazer isso.

Perguntei a Scooter quando ele achava que essa mentalidade tinha finalmente mudado. "Quando Michael Jackson morreu", respondeu ele sem rodeios. "Naquela semana, a lista do iTunes só tinha Michael Jackson, com exceção de dois vídeos de música. Taylor Swift, com um dos seus maiores sucessos ate hoje,* era número quatro. Um, dois, três, cinco, seis: Michael Jackson. Oito, nove, dez: Michael Jackson.

---

*"You Belong with Me." (*N. do A.*)

O número sete era um novo vídeo de um artista de que ninguém ouvira falar, chamado "One Time". Esse era de Justin Bieber. E ele não tinha nenhuma promoção. Ninguém jamais ouvira falar nele. Por que Justin Bieber estava nos dez mais ouvidos quando todos os outros grandes artistas do mundo tinham sido engolidos por Michael Jackson?

O vídeo, o primeiro de Justin, tinha custado 25 mil dólares, um orçamento que Scooter tivera que implorar à gravadora para fornecer. O agente publicitário do selo demonstrou frieza. "O garoto do YouTube?", perguntou ele. "Não quero isso." Mas, quando o vídeo oficial foi anunciado no canal do YouTube de Justin, a demanda por ele disparou no iTunes. Scooter se encontrou com L. A. Reid para explicar o que acabara de acontecer. L. A. disse a ele: "Não entendo de marketing; entendo de música. Apenas continue a fazer o que quer que você esteja fazendo."

E foi o que ele fez. Scooter lançou versões acústicas de cada música no álbum futuro de Justin no YouTube um mês antes da data oficial de divulgação. As versões acústicas geraram uma demanda pelo álbum e por ingressos para shows. Quando os singles oficiais foram lançados, eles dispararam para o topo das listas de vendas, enquanto os fãs que compareceram aos shows de Justin já conheciam todas as letras das músicas.

O efeito não se limitou aos Estados Unidos. Quando Scooter viu o número de visualizações dos vídeos de Justin no Reino Unido, ele recomendou com insistência à gravadora que o enviasse para a Inglaterra. Eles recusaram, dizendo que ninguém lá saberia quem ele era porque suas músicas não tinham chegado às rádios. Scooter pagou a passagem de Justin do próprio bolso e anunciou no Twitter que o artista iria se apresentar em frente ao escritório londrino da Universal Music Group.* Você agora pode ver vídeos no YouTube de centenas de garotas inglesas cantando junto com Justin enquanto ele faz uma serenata para elas com uma guitarra acústica. "Eles nunca tinham visto tantas pessoas aparecerem no prédio da Universal — *nunca*", afirmou Scooter. No dia seguinte, a música de Justin estava nas transmissões de rádio do Reino Unido.

Para Scooter, não foram apenas as músicas que fizeram as pessoas se sentirem atraídas por Justin; era também a história pregressa dele. "Estamos em uma recessão, e quando ligamos a televisão, o programa mais importante para a garotada era a série *The Hills*," disse ele. "Isso não é realista. Um grupo de jovens de Laguna Beach se exibindo nos carros e nas mansões deles, enquanto sua mãe e seu pai estão perdendo o emprego?

"Eu tinha que oferecer a elas uma história de esperança. Tinha que dar a elas uma história a respeito de um garoto cuja mãe era adolescente quando ele nascera e eles moravam em conjuntos habitacionais. E ele postou um vídeo no YouTube, sem jamais imaginar que um dia deixaria a sua cidade. E hoje ele está vivendo seu sonho. Você também pode fazer isso."

Antes da ascensão de Justin impulsionada pelo YouTube, era quase impossível para um artista obter aceitação popular sem ter primeiro um contrato com uma gravadora.

*A empresa controladora da Island Def Jam. *(N. do A.)*

Para se tornar um músico famoso, você precisava ter sua música no rádio e seu álbum nas lojas. Somente os grandes selos podiam financiar o processo assustadoramente dispendioso de providenciar a gravação, a prensagem e a distribuição de um álbum para o país inteiro. Você também precisava do apoio de um selo musical para se introduzir nas *playlists* rigidamente controladas das estações de rádio mais populares do país.

Em 1981, as coisas começaram a mudar quando a MTV foi inaugurada nos Estados Unidos. A abordagem inicial do canal desafiou o domínio do rádio sobre a venda dos discos, exibindo vídeos de artistas que ainda não tinham chegado às rádios FM. Isso aconteceu basicamente por necessidade; os vídeos de música eram um novo conceito nos Estados Unidos, de modo que não havia muitos artistas populares que os tivessem feito. No Reino Unido, contudo, programas como *Top of the Pops* já transmitiam vídeos de música anos antes de a MTV ser criada. Como resultado, muitos dos primeiros artistas apresentados na MTV eram bandas britânicas, como Human League, Billy Idol e A Flock of Seagulls.*

À medida que a TV a cabo se espalhava pelos Estados Unidos, a MTV também desempenhou um papel crítico ao tornar pela primeira vez o hip-hop e o grunge visíveis para os norte-americanos convencionais, quando muitas estações de rádio regionais se recusavam a tocar esse tipo de música. "Éramos uma estação de rádio nacional", me

*O primeiro vídeo de música que a MTV apresentou foi "Video Killed the Radio Star" com os Buggles. Essa música não foi composta para a estreia da MTV; ela fora lançada dois anos antes como uma crítica à maneira pela qual os vídeos de música levavam o meio musical a preferir a estética à qualidade da interpretação. (*N. do A.*)

disse Tom Freston. "Colocamos uma música que as pessoas nunca tinham ouvido em milhões de lares da classe média norte-americana."

Mas assim como prensar um álbum, filmar um vídeo de música também era caro. E ao contrário do que acontecia com os álbuns, os artistas não lucravam nada com esses vídeos — a MTV não pagava nada a eles para transmiti-los porque eles representavam uma poderosa ferramenta promocional para os artistas. Em decorrência disso, a MTV acabou servindo para fortalecer a importância dos selos musicais e seus orçamentos de marketing. A competição para conseguir colocar um vídeo na MTV se tornou ainda mais intensa do que para conseguir entrar nas Top 40.

"Toda terça-feira, quando nos reuníamos para decidir que vídeos iríamos transmitir", declarou Tom Freston, "o nível de expectativa era como se toda a indústria da gravação estivesse esperando para ver a fumaça sair da chaminé." Como resultado, os orçamentos para os vídeos de música subiram para milhões de dólares, colocando-os fora do alcance da maioria dos artistas.

Essa dinâmica também levou os selos a priorizar os artistas que eram atraentes diante da câmera, porque naquele momento eles estavam basicamente fazendo curtas-metragens.* Vídeos de música icônicos de "Thriller" a "Sabotage" estabeleceram o precedente que os artistas precisavam de um estilo e uma imagem que formasse uma conexão com as pessoas, além de exercer uma forte atração. Naturalmente,

*Essa tendência também iria transformar a indústria do cinema, proporcionando um começo a vários jovens diretores. Spike Jonze, David Fincher, Antoine Fuqua, Gore Verbinski e Michael Bay dirigiram vídeos de música antes de se tornarem diretores de filmes do cinema. (*N. do A.*)

os selos que queriam descobrir qual seria o próximo grande sucesso se voltavam para músicos que já tinham experiência diante da câmera. Britney Spears, Christina Aguilera e Justin Timberlake foram membros do the Mickey Mouse Club antes de dominarem a MTV da década de 1990.

Mas Scooter mostrou à indústria da música que o modelo para descobrir celebridades populares poderia ser completamente modificado. Não apenas novos talentos musicais poderiam ser descobertos na internet — o que alguns selos tinham feito ao contratar artistas diretamente no MySpace* — como também a sabedoria do público poderia levar diretamente para eles artistas prontos para a câmera. Como o YouTube era um veículo inerentemente visual, isso significava que os artistas de sucesso teriam um atrativo tanto musical quanto visual. E o melhor de tudo é que ele era global: as estrelas poderiam vir de qualquer lugar, e sua música tinha o potencial de repercutir em toda parte.

Na CES, Scooter contou outra história a respeito de o YouTube ter mudado sua vida, quando seu diretor de operações e amigo desde a faculdade, Scott Manson, enviou para Scooter um e-mail com um link para um novo vídeo no YouTube. Um amigo coreano-americano de Scott tinha assistido a ele e considerado hilário, e o enviou para Scooter como uma brincadeira. "Não é hilário? Adoro esse cara", escreveu Scott.

*Foi assim que Adele foi descoberta: uma colega dela do ensino médio postou no MySpace algumas músicas que Adele tinha cantado para um projeto de aula. As músicas chamaram a atenção de Richard Russell, o dirigente da XL Recordings, que mais à frente a contratou. *(N. do A.)*

Scooter enviou uma resposta com duas palavras: "Encontre-o."

O ano de 2012 estava começando, e o vídeo que Scott acabara de compartilhar era "Gangman Style", do artista K-pop Psy. Na ocasião, o vídeo tinha cerca de 60 mil visualizações. Mas Scooter imediatamente reconheceu algo no vídeo que mais ninguém, nem mesmo o próprio Psy, tinha visto. Scott ficou confuso. "Você vai querer fazer em inglês?", perguntou.

"Não", respondeu Scooter. "Vamos fazer em coreano."

Enquanto contava a história na CES, Scooter explicou o que vira no vídeo. "Havia uma música, da qual alguns de vocês talvez se lembrem, chamada 'Informer', de Snow.* Alguém se lembra dela?" Houve alguns murmúrios de reconhecimento, mas um homem, entre as centenas de pessoas que estavam na audiência, bateu palmas. Scooter voltou a atenção para ele. "Você pode se levantar, por favor?" Relutante, o homem se levantou. "Então, se você puder", pediu Scooter, "tente cantar 'Informer' de Snow."

O público deu risadinhas enquanto o homem reunia coragem. "Ahn", começou ele, "Infoorrrr-mer, baddah-baddah baddah-baddah-bah-dah." O público irrompeu em risos enquanto Scooter liderava uma salva de palmas do palco.

"Muito corajoso", disse Scooter. "Foi exatamente por isso que contratei Psy. Porque também não tenho a menor ideia do que o cantor estava dizendo em 'Informer'.** Não falo

---

*Em 1992, "Informer" passou sete semanas consecutivas em primeiro lugar nas Hot 100 da revista *Billboard*. Snow, um músico canadense de reggae, nunca mais conseguiria gravar outro sucesso. *(N. do A.)*

**Só de brincadeira, pesquisei a verdadeira letra:
"Informer, ya' no say daddy me Snow me I go blame / A licky boom boom down."
De acordo com o site de letras Genius, basicamente o que Snow está dizendo aqui é: "Pare de delatar." (*N. do A.*)

coreano. Eu não sabia o que 'Sana-i' significava. Mas sabia que quando eu era um garoto e 'Informer' foi lançado, decorei todas as bobagens incoerentes que ele estava dizendo e achei que eu era o máximo por poder cantar 'Informer' para todos os meus amigos. Desse modo, comecei a imaginar garotos que não sabiam falar coreano que iriam aprender coreano."*

De volta ao palco, Scooter também falou sobre sua infância frequentando bar mitzvahs, dançando ao som de músicas como "Cotton-Eyed Joe" e "Macarena," "então, eu sabia o que 'Gangnam Style' era," disse ele. Ele fez com que Scott localizasse Psy na Coreia e o trouxesse para Los Angeles com seu tradutor em uma semana. Os três se sentaram no quintal de Scooter e discutiram o desejo de Scooter de fazer um contrato de gravação internacional com Psy e comprar os direitos de "Gangnam Style" fora da Coreia do Sul. Ele disse a Psy que "Gangnam Style" poderia ser um enorme sucesso nos Estados Unidos e no exterior, apenas por causa do YouTube. Psy não teria nem mesmo que deixar a Coreia.

Por intermédio do seu tradutor, Psy disse a Scooter: "Olhe, se você acha que consegue colocar a música nas Top 100 nos Estados Unidos, eu a dou de graça para você." Scooter disse a ele que isso era ridículo e que queria fazer um bom negócio. Depois de trinta minutos de negociações traduzidas, Scooter estava pronto para fechar o acordo.

---

*Mais tarde, Scooter me disse que é assim que ele tenta promover todos os seus artistas, comparando-os com alguém que veio antes, embora eles odeiem isso. No início da carreira de Justin, ele o comparou com Michael Jackson. "Você acha que Justin merecia aquilo no início da sua carreira, ser comparado com Michael Jackson? De jeito nenhum. Mas fiz a comparação, e tenho agora esse Príncipe do Pop fazendo sucesso. As pessoas compartimentam as coisas." (*N. do A.*)

Ele perguntou: "Temos um acordo?" e olhou para seu tradutor para que ele transmitisse a mensagem. Mas ele ficou em silêncio.

Psy fez uma pausa, olhou para Scooter, e respondeu, em inglês: "Se formos beber juntos esta noite, temos um acordo."

Scooter ficou chocado. "Você fala inglês?", perguntou.

Psy olhou para Scooter. "Eu frequentei a Berklee."*

Eles deram um aperto de mão e selaram o acordo enquanto comiam *banchan* e *galbi* no restaurante Parks BBQ em Koreatown.

Quando perguntei a Scooter por que ele achava que "Gangnam Style" tinha se tornado aquele sucesso inquestionável, ele explicou que grande parte daquilo teve a ver com o *timing*. Quando a música foi lançada, tanto a Coreia quando os Estados Unidos estavam sofrendo uma onda de calor brutal, quebrando recordes de décadas de máximos de temperatura. Além do calor, o mundo ainda estava de ressaca por causa da Grande Recessão, com o crescimento econômico em grande medida estagnado. "As pessoas estavam completamente infelizes", me disse Scooter. "Elas estavam dando um duro danado. E Psy fez a música na esperança de fazer as pessoas do seu país sorrirem. Mas se ele podia fazê-las sorrir, talvez o mundo inteiro precisasse sorrir."

Além de tudo isso, Scooter considera Psy um dos melhores intérpretes ao vivo que ele já viu. "Ele podia dar respaldo. Você o coloca em programas da televisão, e as pessoas ficam absolutamente impressionadas. A energia desse asiático levemente acima do peso era simplesmente estonteante — as pessoas enlouquecem." Ele me disse que,

*A escola de elite de música contemporânea em Boston. (*N. do A.*)

quando agendaram Psy para o programa *Today*, ele pediu que a apresentação fosse do lado de fora. Os produtores recusaram o pedido, dizendo a Scooter que estavam lhe fazendo um favor porque Psy não tinha fama suficiente para atrair uma multidão. "OK, veremos", disse Scooter. Alguns tweets depois, ele recebeu um telefonema da NBC explicando que a apresentação seria transferida para o lado de fora. "Estamos recebendo mais ligações para este espetáculo do que para Katy Perry", disse o produtor para ele.

No início, foi um caso curioso, o tipo de história "Ninguém acreditava em nós" que definiu grande parte da carreira de Scooter. Mas, à medida que ele prosseguiu, a história adquiriu um tom mais emocional. Scooter começou a falar mais devagar. "Milhares e milhares e milhares de pessoas apareceram", disse ele. "Mas o mais emocionante é que muitas delas estavam agitando bandeiras coreanas. Elas eram americanas. E eram nova-iorquinas. Mas tinham sido esquecidas. Eram as pessoas com as quais você cruza todos os dias na cidade e não nota. Porque ninguém jamais tentara agradar a elas. Ninguém jamais pensara em fazer música para elas. Ninguém jamais pensara em fazer uma programação para elas. Nossa população asiática é constantemente ignorada, no entanto essas pessoas continuam a trabalhar arduamente e a sustentar esta economia.

"E minha família é de imigrantes. Meu pai era um garoto refugiado do Queens, em Nova York. E, enquanto eu estava sentando lá assistindo a isso, eu sucumbi porque compreendi a partir de um ponto de vista humano o quanto isso era importante para eles, ouvir seu idioma no rádio, serem reconhecidos, serem celebrados."

Um coreano-americano que viu Scooter com Psy aproximou-se dele no concerto. "Nasci e fui criado nos Estados Unidos", disse ele a Scooter. "O inglês é minha primeira língua. Mas meu filho também é coreano-americano. E meu menino dá um sorriso bem grande quando vê essa pessoa que se parece com ele dançando na televisão, dançando no YouTube."

"Todo streaming é uma oportunidade para propagarmos nossa humanidade" disse Scooter. "É uma oportunidade para compartilharmos informações e compreendermos que nossas emoções e reações brutas são humanas. As culturas nos farão reagir a certas coisas porque elas nos farão lembrar de certas coisas. Mas na nossa essência, todos compartilhamos os mesmos valores. A música mostra isso. O que o streaming fez foi dizer em alto e bom som que isso é verdade. Porque agora você não precisa explicar isso para a indústria da música, que sempre teria dito que 'Gangnam Style' jamais teria dado certo fora da Coreia. Bem, deu certo no mundo inteiro. Ele se tornou o vídeo mais assistido no mundo.* Ele ficou em primeiro lugar em todos os países."

Na realidade, nos Estados Unidos, "Gangnam Style" só chegou ao segundo lugar, apesar de ter sido multiplatina.** Isso aconteceu porque a música foi lançada antes de as visualizações no YouTube serem incluídas nas paradas de sucessos. Scooter me disse que tinha recalculado os números para ver como "Gangnam Style" teria se saído se a *Billboard* tivesse incluído os números do YouTube. A música teria

*No momento em que escrevo estas linhas, o vídeo tem 2,88 bilhões de visualizações. (*N. do A.*)
**Ultrapassou dois milhões de cópias de discos vendidas. (*N. da T.*)

se tornado o sucesso do Top 100 que ocuparia o primeiro lugar por mais tempo em toda a história, permanecendo lá durante 26 semanas.

É uma lástima que Psy não detenha esse recorde, mas depois disso o YouTube se tornou uma força importante para ajudar os artistas a povoar as paradas de sucesso. Fizemos uma parceria com a Nielsen e a *Billboard* em 2013 para que incluíssem tanto as visualizações oficiais quanto as geradas pelos usuários no seu rastreamento de sucessos, o que levou "Harlem Shake", de Baauer, a se tornar a vigésima primeira música a estrear já em primeiro lugar nas Hot 100, na semana em que nosso acordo entrou em vigor. O sucesso do vídeo de Macklemore & Ryan Lewis para "Thrift Shop" os ajudou a ocupar também o primeiro lugar, tornando-se os primeiros artistas independente em quase vinte anos a fazer isso.* E bem recentemente, Rae Sremmurd e Migos tiveram vários sucessos no Hot 100 com "Black Beatles" e "Bad and Boujee" baseados na utilização dessas músicas em vídeo-memes populares.**

Esses artistas emergentes se juntaram às dezenas de artistas consagrados que usaram vídeos de música para acelerar, redefinir e até mesmo relançar sua carreira na era do YouTube. À medida que a audiência da MTV envelhecia

---

*Embora ainda sejam independentes, ele têm um acordo com a Warner Music para ajudar a garantir a reprodução no rádio. (*N. do A.*)

**O fato de a *Billboard* contar visualizações de músicas apresentadas em vídeos gerados pelo usuário conduz a alguns resultados surpreendentes. Em 2013, "Gone" de Kanye West subiu para o décimo oitavo lugar nas paradas de sucessos depois de a música, lançada havia oito anos, ter ganhado destaque em um vídeo viral de uma moça pedindo demissão do emprego. Em 2016, "The Sounds of Silence" de Simon and Garfunkel, subiu vertiginosamente para a sexta colocação na parada Hot Rock Songs cinquenta anos depois do seu lançamento, graças à sua utilização no meme "Sad Affleck". (*N. do A.*)

e a rede se concentrava em conteúdo original e programas de reality shows, o vídeo de música ficou em sério declínio durante um breve período. Mas a criatividade de artistas como Beyoncé, Lady Gaga, Kanye West, Katy Perry e Sia fez o veículo on-line renascer.

Ao mesmo tempo, o lado econômico tanto de fazer música quanto de fazer vídeos se tornou mais favorável. Artistas como OK Go mostraram que não era preciso gastar milhões de dólares para tornar viral um vídeo de música; bastava apenas alguma criatividade. O vídeo deles para "Here It Goes Again,", que apresentou a banda executando uma complexa coreografia em esteiras mecânicas, foi filmado por uma ninharia em uma única tomada. Ele ganhou o Grammy para o Melhor Vídeo de Música de 2007. Depois, em 2010, CeeLo Green mostrou que nem mesmo um vídeo era necessário, apenas a letra. Sua música "Fuck You" começou a ganhar terreno antes de ele ter a chance de filmar um vídeo oficial. Para aproveitar a agitação, ele produziu um vídeo contendo apenas as palavras da música que ganhou milhões de visualizações antes que a versão oficial estreasse um mês depois.

A facilidade com que os vídeos de música podem ser feitos hoje significa que seu potencial como ferramenta promocional é maior do que nunca. "Você costumava gastar entre 500 mil e 4 milhões de dólares em um vídeo, e ainda tinha que implorar à MTV para exibi-lo", declarou Scooter na CES. "Hoje, você simplesmente o dá diretamente para o consumidor e é ele quem decide." Ele disse à audiência que o vídeo mais popular de Justin Bieber de todos os tempos, "Sorry", foi filmado por 5 mil dólares com um grupo de dançarinos na Nova Zelândia. Justin nem mesmo aparece no vídeo. Ele hoje tem mais de 2 bilhões de visualizações.

"Sorry" foi um dos 13 vídeos de música que Justin lançou em apoio ao seu mais recente álbum, *Purpose*. O lançamento de múltiplos vídeos o ajudou a quebrar o recorde de todos os tempos para faixas simultâneas nos Hot 100 da *Billboard* com 17 (anteriormente detido pelos Beatles e depois quebrado por Drake). Fiz perguntas a Scooter a respeito daquela estratégia de lançamento e de como ele se sentia a respeito de ajudar os artistas a ter uma carreira sustentável em um ambiente no qual os sucessos ardem com mais intensidade mas parecem se extinguir com maior rapidez. Artistas como Drake e Future reduziram drasticamente o ciclo de lançamento de álbuns, apresentando um novo conteúdo aparentemente a cada poucos meses. No intervalo dos álbuns, eles produzem mixtapes, singles e participações especiais — tudo isso cria um ambiente no qual a pressão para permanecer na mente de todo mundo é enorme.

O conselho de Scooter é ignorar a pressão. "Número um, você precisa ser consistente. Mas, número dois: você tem que entender o comportamento humano. Quando você está na área de tensão, às vezes é bom recuar um pouco. Nós, humanos, adoramos construir e depois destruir. Observe uma criança... Quando observo meu filho brincando, sabe o que ele faz? Ele constrói uma torre. E o que as crianças fazem quando constroem uma torre? Elas a derrubam.

"Esse instinto está dentro de nós desde o começo. Gostamos de construir, mas também gostamos de ver as coisas desmoronarem. E depois queremos construir de novo. Derrubar a torre não é o fim da torre; você tem permissão para construí-la novamente. Uma história tem um arco. Se alguém simplesmente permanece assim," disse ele mantendo a mão levantada, "é muito maçante. Entenda que isto" — agora ele abaixou a mão — "é permitido. E se você abraçá-lo, pode fazer com que trabalhe para você."

Em vez de defender o modelo de Drake, ele citou Justin Timberlake, que, diz ele, "desaparece, retorna e é imenso". Nossa conversa voltou naturalmente para Bieber, que tinha deixado passar três anos entre álbuns enquanto uma série de histórias constrangedoras circulava pela internet, atraindo mais atenção para seu comportamento do que para sua música. Justin tinha chegado a um ponto no qual muitos na indústria da música lhe fechavam as portas. Perguntei a Scooter se sua estratégia de construir — destruir — construir era a razão pela qual Justin tinha ficado quieto pelo tempo que ficara.

Scooter disse que, na verdade, o *timing* tinha sido um resultado da sua preocupação com a saúde de Justin. "Por mais que Justin na época dissesse: 'Estou pronto, estou pronto, estou pronto', eu me recusei a diminuir o controle até saber, com 100% de certeza, que não havia nenhuma chance de que ele não estivesse pronto. No final, eu disse, desde que consigamos colocá-lo de volta nos trilhos, vamos fazer isso funcionar a nosso favor porque as pessoas querem uma história. Elas querem uma história de redenção."

E Justin se redimiu. Seu reaparecimento em 2015 na faixa "Where Are Ü Now" produzida por Skrillex-and-Diplo lhe rendeu seu primeiro Grammy. Ela foi logo seguida por "Purpose", que atingiu o status de platina triplo* e se tornou o disco de melhor desempenho da sua carreira.

*Ultrapassou 3 milhões de cópias de discos vendidas. (*N. da T.*)

Uma das ideias que sempre defendo junto à indústria da gravação — e uma ideia que fez Scooter rir de mim no palco da CES — é que, ao contrário da MTV, os vídeos de música no YouTube oferecem promoção e dinheiro. Assim como com qualquer criador do YouTube, nós pagamos a maior parte da receita de anúncios que o vídeo de um artista gera a quem quer que detenha os direitos da música (tipicamente o selo do artista).

Mas apesar do valor do YouTube tanto como ferramenta promocional quanto como um veículo para ganhar receita, vários artistas consagrados, de Nelly Furtado a Debbie Harry,* argumentaram que não remuneramos os artistas merecidamente. Segundo eles, a música alimenta o sucesso do YouTube, mas os pagamentos são pequenos demais em comparação com a contagem das visualizações. Eles também demonstram preocupação pelo fato de o YouTube permitir que cópias não autorizadas da sua música permaneçam na plataforma, drenando uma receita que deveria ir para os detentores dos direitos. E talvez o que seja mais preocupante, eles dizem que essa dinâmica prejudica acima de tudo os artistas emergentes, privando-os do dinheiro necessário para investir na sua carreira quando esta está começando.

Essas considerações merecem ser levadas extremamente a sério. As pessoas que trabalham no YouTube o fazem em grande parte porque acreditam estar ajudando todos os criadores e artistas — especialmente os criadores e artistas promissores — a construir suas carreiras e ser remunerados merecidamente pelo seu trabalho. A acusação de que

*Esta me incomoda; Blondie era um dos grupos que eu mais gostava de ouvir nas frequências de rádio embaralhadas da Radio Free Europe. (*N. do A.*)

estamos construindo um negócio à custa dos artistas, em vez de a serviço deles, é uma acusação que justificadamente manteria muitos de nós acordados à noite. No entanto, quanto mais estudamos essas preocupações, menos evidências encontramos de que elas tenham fundamento.

A primeira preocupação, a respeito dos pagamentos oriundos da publicidade, é semelhante àquela mencionada pelos criadores e discutida no capítulo 9. Aqui, acho que é importante compreender que a indústria da gravação nunca ganhou muito dinheiro com publicidade, embora você provavelmente tenha ouvido anúncios no rádio a vida inteira. Assim como a MTV, o rádio, que é responsável por um quarto de todo consumo de música, não paga nada para os selos e os artistas nos Estados Unidos, embora gere US$35 bilhões de receita de anúncios por ano. Fora dos Estados Unidos, o rádio efetivamente paga direitos autorais à indústria da gravação, mas a uma taxa que é menos da metade do que a que o YouTube paga atualmente.

Em contrapartida, o streaming de vídeos de música é responsável por apenas 8% do consumo de música, mas o YouTube paga à indústria da música mais de US$1 bilhão por ano. É fácil descartar a propaganda digital como um modelo viável para sustentar os artistas enquanto ela é relativamente nova. Mas, com o tempo, a publicidade poderá significar tanto para a indústria da gravação quanto os comerciais significam para a televisão. Por exemplo, se o dinheiro que os anunciantes pagam atualmente para as estações de rádio passasse a apoiar o consumo da música digital, isso duplicaria o tamanho atual da indústria da gravação.

Quanto a determinar se a música alimenta o sucesso do YouTube, é inquestionável que as músicas são fundamentais para nossa plataforma. De acordo com a Nielsen, mais da metade de todos os adolescentes usa o YouTube para encontrar e escutar novos artistas. E a maioria dos vídeos mais visualizados no YouTube é de música. Mas a contagem elevada de visualizações pode levar a conclusões equivocadas: o YouTube é, acima de tudo, um local de entretenimento. Embora muitas pessoas desfrutem a música no YouTube, elas na verdade consomem bem mais o conteúdo não musical. O usuário típico do YouTube passa apenas uma hora *por mês* assistindo a vídeos de música no YouTube. Compare isso com as quatro horas de música que o americano típico escuta por dia.

Eu entendo por que algumas pessoas possam ficar preocupadas por versões não autorizadas de uma música privarem o artista de dinheiro. Além de versões oficiais de um vídeo de música, o YouTube também hospeda conteúdo que os fãs carregam, como sequências de filmagem de concertos, apresentações ao vivo, vídeos de tributo, remixes e covers. Mas a tecnologia proprietária de ID de conteúdo do YouTube garante que os detentores de direitos da música usada nesses vídeos ganhem a receita dos anúncios, independentemente de quem tenha feito o upload. Fizemos acordos de licenças com milhares de selos e detentores de direitos para que os vídeos carregados pelos fãs não tenham que ser retirados; eles podem permanecer, e os artistas podem ganhar dinheiro com eles.

E esses clipes não precisam ser identificados ou reivindicados manualmente. O ID de conteúdo compara de maneira automática os vídeos carregados com uma base de dados de arquivos de referência que qualquer pessoa pode facilmente nos fornecer, um processo cuja precisão é de 99,7%. Embora fornecer um arquivo de referência requeira algum trabalho inicial da parte do selo ou do artista, ele compensa significativamente. Mais da metade do dinheiro que pagamos à indústria da música é proveniente da propaganda atrelada aos vídeos carregados pelos fãs.

Isso conduz à última consideração, a de que nosso atual relacionamento com a indústria da música prejudica mais os artistas emergentes. Hoje, o YouTube é uma das únicas plataformas que permitem que qualquer pessoa tenha sua música ouvida por uma audiência global de mais de um bilhão de pessoas. No mínimo, ele *ajuda* mais os artistas emergentes.

"Vou às conferencias e as pessoas perguntam: 'Como posso fazer vocês me notarem?'", me disse Scooter. "Eu respondo: 'Seja notado por *eles*'", apontando para um público imaginário. "Porque então eu tenho que implorar por você. Não sou mais um filtro. Todas as ferramentas foram dadas para você.

"Seja o YouTube, seja o Snapchat, seja o Instagram ou seja musicalmente", me disse Scooter, "você recebe uma ferramenta extraordinária. O trabalho difícil foi o das pessoas que desenvolveram essas coisas. Milhões de dólares, tempo e esforço são gastos para garantir que essas coisas funcionem adequadamente. Elas não falham. Se você carregar um vídeo no YouTube, você sabe que ele não vai ter uma pane. E é *de graça*".

Mas o que fazer para ser notado por *eles?*, perguntei. "Seja notável", respondeu ele de uma maneira simples. "Você sabe por que não está sendo notado? Porque ainda não está sendo notável. Justin não foi notado no seu primeiro vídeo."

Para mim, os argumentos de algumas pessoas a respeito do YouTube e de outros serviços de streaming são apenas o último sinal de tensão que sempre existiu entre artistas e distribuidores desde a invenção da música gravada. Em 1906, John Philip Sousa, que escreveu "The Stars and Stripes Forever", redigiu um artigo para a *Appleton's Magazine* a respeito dos males da música gravada. Em "The Menace of Mechanical Music",* ele escreveu que a música tinha que ser interpretada ao vivo para que as pessoas pudessem realmente apreciá-la. "O canto do rouxinol é encantador porque é ele que o emite", escreveu ele. Sousa se preocupava com a possibilidade de a música gravada impedir que as crianças aprendessem a tocar instrumentos, já que poderiam simplesmente ouvir facilmente as músicas no rádio. "Vejo uma acentuada deterioração na música e no gosto musical americano, uma interrupção no desenvolvimento musical do país", registrou no artigo.

Em vez disso, cada vez mais gente aprender a tocar instrumentos, inspirada pela música ouvida no rádio. No entanto, a essência do argumento de Sousa — de que a tecnologia da distribuição prejudica tanto os artistas quanto a arte — continuou a existir, nivelada em cada invenção importante na história da gravação dos cilindros de cera, ao disco de vinil, às fitas cassete e aos CDs.

O que confere a esse argumento uma ressonância particular na era da música de streaming é que a indústria da gravação sofreu, inquestionavelmente, um grande dano com o advento da internet. Como os arquivos de música eram relativamente pequenos, era fácil "ripar" os CDs e compar-

*"A Ameaça da Música Mecânica", em tradução livre. (*N. da T.*)

tilhá-los ilegalmente, mesmo com uma velocidade lenta de internet. Depois que as receitas da indústria da música atingiram o auge, em 1998, atingindo quase US$29 bilhões, elas declinaram durante 16 anos ininterruptos, chegando a 14,5 bilhões, antes de finalmente começarem a aumentar de novo. Em 2002, 80 milhões de pessoas estavam usando o Napster, o serviço de compartilhamento de arquivos, para piratear músicas.

Diante desse cálculo sombrio, a indústria precisou abraçar um novo modelo: o iTunes. A venda de cópias digitais de música por meio do iTunes foi concebida para pôr um fim à pirataria. Em negociações imortalizadas nas páginas da revista *Rolling Stone*, Steve Jobs argumentou que as pessoas estariam perfeitamente dispostas a pagar pela música desde que a indústria estivesse disposta a tornar esse processo fácil e barato: 99 centavos por uma música que qualquer pessoa pudesse baixar no seu computador. Mas embora o iTunes possa ter sido crucial para fazer com que as pessoas voltassem a dar valor à música, ele não conseguiu impedir que as vendas de CDs despencassem. Na verdade, a venda de *singles* digitais causou uma queda gigantesca na receita porque possibilitou que as pessoas "desmembrassem" os CDs. A maioria das pessoas parou de comprar álbuns completos — que geralmente custavam entre US$10 e US$20 — e passou a comprar apenas os *singles* de que gostava por apenas alguns dólares.

Por conseguinte, é compreensível que a indústria esteja encarando o streaming com apreensão, já que foi prejudicada durante quase duas décadas pela transição das vendas físicas para a distribuição digital. No entanto, eu argumentaria que este momento é, de fato, uma ocasião de otimismo para a indústria da música. Prevejo que seus anos mais radiantes estão na verdade à frente, e não para trás, por três motivos.

Primeiro, em uma época em que nunca houve mais competição pela atenção das pessoas, a indústria tem um produto que elas adoram. As horas que as pessoas passam todos os dias ouvindo música representam o tipo de envolvimento pelo qual milhões de jornais, redes de televisão, desenvolvedores de aplicativos móveis e plataformas de mídia social anseiam desesperadamente. Embora todo mundo dispute os nossos olhos, a indústria da música tem o controle dos nossos ouvidos.

Esse amor explica a segunda razão para sermos otimistas a respeito da indústria da música: o rápido crescimento das assinaturas pagas dos serviços de streaming de música como Spotify e Apple Music. O Spotify levou sete anos para alcançar 10 milhões de assinantes; a Apple Music atingiu esse número em alguns meses. Antes deles, nenhum serviço de assinatura digital tinha alcançado 10 milhões de assinantes em menos de dez anos.

A adoção das assinaturas digitais pelo público — inclusive a nossa própria oferta de vídeos que inclui a música, o YouTube Red — levou, em 2015, a receita das vendas de música digital a ultrapassar pela primeira vez a receita das vendas de música física, uma transição que ajudou a devolver o crescimento à indústria da gravação.

A um custo de US$120 por ano, a assinatura de um serviço de streaming de música representa mais dinheiro do que o consumidor típico tradicionalmente gastava com música, até mesmo no auge das vendas de CDs. Isso significa que aos preços atuais, a indústria tem o potencial de ganhar mais receita por consumidor do que tinha até mesmo no seu apogeu. E ao contrário do dinheiro ganho com a venda de CDs, a receita das assinaturas é previsível e estável; os assinantes gastam US$10 com música todos os meses, e não apenas quando decidem visitar uma loja de discos.

Mas embora um negócio saudável de assinatura musical possa, com o tempo, chegar a ter entre 200 e 300 milhões de assinantes ao redor do mundo, isso ainda deixa de fora outras 2,7 bilhões de pessoas estão atualmente on-line mas que não podem, ou não querem, pagar US$120 por ano. Como ficam todas essas pessoas?

Esse é o terceiro motivo para sermos otimistas a respeito da trajetória da indústria da música. Esses fãs casuais — tipicamente aqueles muito jovens ou sem renda disponível — historicamente ficaram satisfeitos em ouvir o rádio. Eles nunca compraram CDs ou pagaram US$0,99 por um download digital, e muitos vivem em mercados emergentes nos quais US$10 por mês é um preço inimaginável a pagar por música. É aí que entra a publicidade digital. À medida que esses consumidores casuais desfrutam de uma quantidade maior de música por meio de serviços sustentados por anúncios on-line (ou nos seus telefones), a indústria ganhará uma parcela maior da receita da publicidade que os tem como alvo.

Esse é o roteiro para os anos mais lucrativos da indústria da música de todos os tempos: assinaturas que conduzem a uma receita estável significativa proveniente dos seus clientes mais valiosos e uma publicidade que monetiza todas as outras pessoas. Se esse modelo de via dupla soa familiar para você, é o que deveria acontecer. Foi ele que duplicou o tamanho do setor da televisão americana para

US$200 bilhões entre 1998 e 2014, exatamente o mesmo período durante o qual as receitas da indústria da música foram reduzidas à metade.

"A inovação sempre vai acontecer", me disse Scooter. "O progresso de algo novo sempre vai chegar. Mas, se você der um passo atrás e examinar o que sabe, o comportamento básico é o mesmo. Se uma pessoa é mais velha, como meu pai, ela costumava encontrar aquela sensação no disco de vinil. A mesma sensação que você teve quando descobriu aquela gravação — parecia sua porque ainda não estava no rádio, e quando ela finalmente chegou ao rádio, você se sentiu reconhecido —; isso é o streaming. Há um reconhecimento em descobrir aquele artista no YouTube antes que ele se torne popular. E, quando isso acontece, você tem a impressão de que o possui pelo resto da carreira dele. Tudo o que o YouTube fez foi dar a uma nova geração uma nova maneira de encontrar aquela sensação."

A indústria da música teve que sobreviver a algumas batalhas devastadoras — contra a pirataria, contra o desmembramento de álbuns, contra a crença de que ninguém pagaria novamente por música. Mas a verdade é que ela ganhou a guerra.

13. Ao que assistir em seguida

Justo quando conseguimos entender os millennials, aqui vem a geração Z

"Então este show seria *Kiss the Cook*", diz Dave Grant, diretor de conteúdo improvisado da rede digital AwesomenessTV. "Duas pessoas competem — é um show de namoro, mas elas estão competindo pelo amor de uma pessoa que está preparando um prato. E assim, no final do programa, elas decidem se querem o prato ou a pessoa. E podemos pelo menos torná-lo focado no influenciador baseado no apresentador, mas não sei quantos influenciadores solteiros vão estar em programas de namoro."

Brian Robbins, o fundador da AwesomenessTV, se reclina na cadeira e reflete sobre a ideia. Brian é bronzeado e tem boa condição física, uma imagem da saúde de Los Angeles. Ele está vestindo uma camiseta preta e calça jeans, e seu relógio preto da Apple fica visível quando ele levanta as mãos enquanto pensa. Ele me convidou para assistir a uma reunião onde seriam propostos novos programas direcionadas aos adolescentes. Depois de várias ideias terem sido apresentadas, essa pareceu despertar algo nele. "Pare um minuto", diz ele a Dave, "e pense nos programas *The Bachelor* e *The Bachelorette.* Por que não podemos fazer a nossa versão motivada pelo influenciador de *The Bachelor* e *The Bachelorette*? Por que não podemos conseguir Lauren Elizabeth ou quem quer que seja, só estou dizendo — seis, oito, quantos estão nesses programas?"

"Nunca assisti a esse programa na vida", declara Joe Davola,* o produtor de televisão de longa data, sócio e cofundador de Brian.

"OK, mas se você pegasse um dos nossos adolescentes, certo, e fizesse algo como 'Você pode levar a garota *X* para o baile da escola como seu par no baile?' Há seis garotos adolescentes tentando levar as Merrell Twins para o baile. Ou vice-versa, há seis garotas querendo levar Hayes Grier** para o baile delas."

A sala fica em silêncio por um segundo antes que Brian resuma as coisas. "*Esse* programa", diz ele, "seria um gol de placa".

Os três, concordando que o programa seria um sucesso, discutem as maneiras como ele, obviamente, teria que ser diferente de *The Bachelor* ao ser oferecido para sua audiência adolescente. Eles também dão uma olhada rápida em mais alguns nomes. Joe pergunta a respeito de um criador que recentemente obteve alguma popularidade no YouTube. Dave educadamente informa a ele que o criador provavelmente não estaria interessado em fazer par com uma

---

*Além de desenvolver uma longa lista de programas de sucesso, como *Remote Control, In Living Color* e *Spin City*, Joe é homônimo do personagem Crazy Joe Davola da série *Seinfeld*, que espreita Elaine, dá um chute na cabeça de Kramer, e tenta atacar Jerry durante a filmagem do seu episódio piloto para a NBC. (*N. do A.*)

**Lauren Elizabeth, as Merrell Twins e Hayes Grier são jovens e fotogênicos influenciadores da mídia social com milhões de assinantes no YouTube. (*N. do A.*)

garota no baile. Com o tempo, a conversa muda para onde o programa deveria ser transmitido: no YouTube; no go90, um serviço por assinatura recentemente introduzido pela Verizon; em outro lugar?

"Deveríamos vendê-lo para o horário nobre!", diz Brian. "É um excelente programa do horário nobre, que vai pegar a temporada dos bailes, sabe?" Mas ele então para de falar. "Ah, deixa para lá. Não estou mais no negócio da televisão. Esqueci."

Consigo entender por que ele se esqueceu. Brian teve sua grande oportunidade em Hollywood quando ainda era adolescente, como ator no seriado cômico da televisão *Head of the Class*. Ele interpretou Eric Mardian, um aluno inteligente e rebelde do ensino médio que usava roupas de couro, andava de motocicleta e odiava a escola. Durante cinco temporadas, Brian interpretou o garoto desordeiro que desrespeitava a autoridade enquanto ostentava um *mullet*, e a experiência de trabalhar em um programa dirigido aos adolescentes teve um efeito formativo nele. À medida que sua carreira progrediu, ele se transformou em um prolífico diretor e produtor, principalmente de filmes e programas de televisão voltados para um grupo demográfico mais jovem. Ele dirigiu o filme sobre futebol americano no ensino médio *Marcação Cerrada*, produziu séries voltadas para adolescentes como *Smallville* e *One Tree Hill*, e em determinado momento programou toda lista ao vivo da rede de TV a cabo Nickelodeon.

Em 2010, Brian conheceu uma pessoa de quem nunca tinha ouvido falar, um jovem astro do YouTube conhecido pelo nome de Fred Figglehorn. Fred era o alter ego hiperativo com voz de esquilo de Lucas Cruikshank, um jovem adolescente de Columbus, Nebraska. Lucas tinha apenas 13 anos quando fez o upload do seu primeiro vídeo para o YouTube, no papel de Fred, em 2007. O vídeo foi filmado em uma câmera de vídeo de baixa qualidade, teve por cenário um único aposento e foi grosseiramente editado. As primeiras palavras de Fred no primeiro vídeo foram: "Isto está ligado?"

Se o vídeo pareceu um experimento, é exatamente o que ele era. Fred era uma das numerosas personas que Lucas desenvolveu para tentar se comunicar com as massas de espectadores do YouTube. Ao contrário de todas as outras que Lucas experimentou, a persona Fred fez sucesso, em uma época na qual a plataforma ainda estava na infância. Em menos de dois anos, *FRED* se tornou o primeiro canal na história do YouTube a atrair 1 milhão de assinantes.

Na noite do seu encontro com ele, Brian foi para casa e perguntou aos filhos se já tinham ouvido falar em Fred. "Claro que conhecemos Fred", responderam os meninos. Sendo alguém que construíra sua carreira no entretenimento ao vivo voltado para adolescentes, ele ficou surpreso ao constatar a diferença entre o que ele conhecia e o que seus filhos assistiam. Sentindo uma oportunidade, ele fez a eles uma pergunta hipotética: "Se houvesse um filme de Fred no cinema, vocês gostariam de ir assistir?"

Os olhos dos meninos se iluminaram diante de pergunta. "Hoje?", perguntaram eles.

"Meus filhos estavam vivendo em um universo completamente alternativo ao qual ninguém em Hollywood estava prestando atenção. Em 2010, nenhuma das agências tinha departamentos digitais e ninguém conhecia o tipo de demanda que existia. Mas se esse garoto de Nebraska pode construir essa imagem no seu quarto, o que aconteceria se entrássemos em cena e energizássemos esse espaço?"

Na época, Brian tinha um contrato de filmes com a Paramount, mas ele sabia que levaria anos para conseguir que um filme de Fred fosse produzido em Hollywood. Então, embora ele nunca tivesse financiado nada por conta própria, dessa vez ele entrou com o seu dinheiro. Filmou *Fred: The Movie* e o vendeu para a Nickelodeon no intervalo de um ano. O filme atraiu quase 9 milhões de espectadores e ajudou a tornar a Nickelodeon a rede de TV a cabo mais bem-classificada de 2010.

O sucesso da experiência de Fred deu a Brian uma ideia. Ele compreendeu que o futuro do talento adolescente seria descoberto on-line, mas, em vez de criar filmes ou séries isolados, ele queria criar toda uma rede partindo do zero. "Quando surgiu a TV a cabo, todas essas novas marcas nasceram baseadas no novo modelo de distribuição", me disse ele. Brian viu a mesma oportunidade de criar uma nova marca, uma rede digital voltada para adolescentes que ele chamou de AwesomenessTV. Conheci Brian pouco depois de ingressar no YouTube, quando ele veio promover a rede. "Na Awesomeness, não queremos fazer apenas um punhado de conteúdo", explicou ele. "Queremos construir uma marca baseada no YouTube."

Com algum capital inicial, a AwesomenessTV começou a produzir um punhado de novos programas, todos voltados para jovens adolescentes e distribuídos gratuitamente no YouTube. No intervalo de um mês, seu novo canal tinha reunido 100 mil assinantes com vídeos como "As sete melhores desculpas para deixar de fazer o dever de casa" e "As cinco melhores maneiras de derrotar os praticantes de bullying". A demanda do conteúdo da AwesomenessTV se tornou tão grande que Brian percebeu outra oportunidade. No fim de semana do Dia de Ação de Graças em 2012, o canal postou um vídeo fazendo uma simples pergunta aos espectadores: "Você quer ser uma celebridade do YouTube?" Ele esperava receber algumas inscrições. Antes que o fim de semana terminasse, a AwesomenessTV tinha recebido 4 mil.

Hoje, a AwesomenessTV produz mais de oitocentas horas de conteúdo original por ano — mais do que a maioria das redes de TV a cabo — e o número de jovens criadores afiliados à marca está na casa das dezenas de milhares. Isso soa atordoante, mas mostra a facilidade com que as marcas digitais podem ganhar escala, especialmente quando têm alcance global. Cada um desses milhares de criadores traz consigo seus próprios astros e estrelas e sua comunidade de fãs que compartilham, fazem comentários e curtem o conteúdo. Juntos, esses canais ao mesmo tempo se beneficiam da marca AwesomenessTV e a constroem.

Em 2013, mais ou menos um ano depois de Brian ter inaugurado a AwesomenessTV, eu estava em Park City, Utah, com Jeffrey Katzenberg, CEO e fundador da DreamWorks Animation. Ele tinha uma pergunta a me fazer: "Quem no YouTube está realmente fazendo algo especial?"

Jeffrey tem um olho lendário para novas tendências na mídia. Foi durante a sua gestão como diretor da unidade de filmes cinematográficos da Disney que a empresa recuperou sua cambaleante divisão de animação, lançando uma série de sucessos como *Uma cilada para Roger Rabbit*, *A bela e a fera* e *O rei leão*. Ao mesmo tempo, ele sentiu a crescente importância do cinema independente no início da década de 1990 e conduziu a aquisição da Miramax Films pela Disney, meses antes de o estúdio lançar *Pulp Fiction*. E ele foi um dos primeiros a enxergar o potencial da animação digital, fechando o acordo de parceria da Disney com a Pixar e dando o sinal verde para a produção de *Toy Story* antes de fundar seu próprio estúdio bem-sucedido de animação digital. O YouTube havia despertado mais uma vez sua intuição, e ele queria participar.

Falei com Jeffrey a respeito de Brian e do incrível crescimento da AwesomenessTV. Não precisei explicar muita coisa para que Jeffrey me pedisse para colocá-lo em contato com Brian. Jeffrey é notório por agir rápido — Brian o chamava de "míssil guiado por calor" — de modo que considerei uma boa ideia telefonar naquela mesma hora para Brian. Por sorte, ele atendeu. "Oi, posso dar seu número para Jeffrey Katzenberg?", perguntei.

Ele pareceu um pouco surpreso. "Ahn, claro", respondeu Brian.

"Estou falando sério. Ele está aqui comigo, e vai ligar para você dois segundo depois de eu desligar", expliquei.

"Ah, OK. Ah, sim, está bem."

"Apenas saiba", eu disse a ele, "que sua vida vai mudar".

Dois segundos depois, Jeffrey ligou para ele. Na manhã seguinte, os dois tomaram o café da manhã juntos em Los Angeles, e depois se encontraram diariamente nos quatro dias seguintes. Depois que a poeira baixou, a DreamWorks Animation tinha comprado a AwesomenessTV por US$33 milhões. Apenas um ano depois, a DreamWorks vendeu uma participação de 25% da AwesomenessTV por US$81 milhões para a Hearst; o valor da empresa aumentou em quase dez vezes em 19 meses.

Quando perguntei recentemente a Jeffrey sobre a aquisição, ele me disse que tinha sido a visão criativa de Brian que realmente o interessara. "Se você contemplar todo o empreendimento no YouTube, na minha opinião, acho que houve três marcas realmente excelentes que não se basearam em uma personalidade e sim em um conceito e uma marca: Vice, BuzzFeed e AwesomenessTV", disse ele.

"Todas as três são talentos realmente singulares e exclusivos. Shane, com aquela perspectiva de notícias rebeldes, Jonah*, sob o prisma do que ele criou em torno da marca da BuzzFeed. Mas Brian é o verdadeiro contador de histórias. Não estou dizendo que [Vice e BuzzFeed] não estão criando um excelente conteúdo; o conteúdo deles se baseia em recriar o mundo à nossa volta, documentá-lo por meio de um ponto de vista adaptado e modificado, um ponto de vista forte. Esse é o superpoder deles. Já Brian precisa efetivamente criar sem nenhuma base em fatos ou realidade."

Ele também salientou que Brian fora para o YouTube por "curiosidade e ambição", e não por precisar de um novo escoadouro para seu conteúdo. "Ele estava no auge da sua carreira. Ele estava se saindo bem onde estava. Não precisava fazer isso. Mas fez porque observou seus filhos, viu onde estava o interesse deles e disse: 'Espere um minuto. Por que não estamos trabalhando naquele espaço?'"

Inicialmente, resolvi assistir à reunião de Brian porque queria ter um vislumbre do futuro. Embora este livro tenha

*Jonah Peretti, que fundou o Buzzfeed depois de ser cofundador do *Huffington Post*. (N. do A.)

se concentrado em grande medida na audiência dos millenials e no conteúdo que agrada a essa geração, o trabalho de Brian na AwesomenessTV diz respeito à geração seguinte de consumidores, conhecidos coletivamente como Geração Z. Embora os millenials tenham se tornado o maior grupo demográfico nos Estados Unidos, chegando, em breve, a 50% da força de trabalho mundial, a geração que vem depois dela também é bem grande. E ao contrário dos millennials, os membros da Geração Z não conheceram uma época anterior à internet. De acordo com um estudo realizado pela Influence Central, uma empresa de marketing, os membros da Geração Z ganham tipicamente seu primeiro smartphone mais ou menos na época em que completam 10 anos de idade (embora qualquer pessoa que esteja criando uma criança no momento lhe dirá que elas se sentem à vontade com os aparelhos muito antes disso). Que cenário da mídia essa geração — à qual minhas duas filhas pertencem — herdará? Quem serão suas celebridades?

Brian foi inequívoco: a próxima geração de astros e estrelas que agradarão à Geração Z, disse ele, será encontrada on-line, em redes como a AwesomenessTV. "O que nós fazemos é muito mais importante do que o que está acontecendo na televisão ou no cinema porque é com isso que eles estão envolvidos", me disse ele. "Quando fiz *Marcação cerrada*, há 19 anos, me voltei para a televisão para escolher o elenco. Escolhi James Van Der Beek porque ele era o astro do programa mais incrível da televisão na época, *Dawson's Creek*. Não poderia ter sido mais incrível; o maior fenômeno da televisão.

"Se eu estivesse fazendo *Marcação cerrada* hoje, onde eu iria procurar James Van Der Beek? Provavelmente procuraria no mundo digital." Mas ele ressaltou que hoje, os estúdios de cinema nem mesmo estariam fazendo *Marcação cerrada*. "Os filmes se tornaram realmente um negócio de base. Cabe a mim fazer *Marcação cerrada*, do meu jeito."

Brian está certo quando diz que os grandes estúdios abandonaram em grande medida os filmes com baixos e médios orçamentos que costumavam povoar as salas de cinema. Hoje, os estúdios preenchem suas listas principalmente com filmes que agradam a todos os gostos, ou seja, filmes que agradam a homens e mulheres, a pessoas com menos de 25 anos e com mais de 25 anos. Como foi assinalado no livro *Blockbusters*, de Anita Elberse, os aspectos econômicos da indústria favorecem filmes com grande aceitação, já que o frequentador de cinema típico assiste apenas a cinco filmes por ano. Por conseguinte, os lançamentos grandiosos, com grande publicidade, estão mais propensos a afastar as pessoas do seu celular e levá-las aos cinemas. E se esses filmes forem continuações ou se basearem em histórias em quadrinhos, a probabilidade de isso acontecer é ainda maior, já que ambos os tipos já vêm com audiências garantidas que não precisam se familiarizar com a trama ou o tom do filme.

Mas, embora a crescente concorrência tenha levado à mesmice no cinema, ela também conduziu a uma explosão de séries originais na televisão. Em 1999, a HBO iniciou essa nova era de ouro com *Família Soprano*, mas, depois disso, séries fascinantes e de prestígio afloraram em toda parte. Com *Mad Men* e depois *Breaking Bad*, a AMC se tornou a primeira rede de TV a cabo não premium a ganhar um Primetime Emmy Award para a Melhor Série Dramática. Esse sucesso levou praticamente todas as redes de TV a cabo a buscar suas próprias séries de prestígio, como *Mr. Robot* da rede USA e *The Americans* da rede FX.

Enquanto anteriormente os canais secundários podiam ganhar um lucro saudável simplesmente transmitindo reprises e recolhendo o dinheiro da publicidade e das taxas de afiliação, agora cada rede precisa demonstrar seu valor no pacote de cabo oferecendo um conteúdo original bom o bastante para ser mencionado no Twitter.

Isso se deve ao declínio das estatísticas de audiência da televisão. De acordo com a Nielsen, os americanos assistiram a menos 16 horas na televisão por mês em 2016 do que assistiram em 2010. Entre os millennials e os adolescentes, o declínio é ainda mais acentuado: eles estão assistindo a cerca de quarenta horas a menos por mês. O único grupo demográfico que assiste mais à televisão hoje do que antes é o dos que têm mais de 65 anos.

Ainda assim, esses números escondem o fato de que o conteúdo da televisão é incrivelmente popular nos serviços digitais de streaming, como Netflix, Hulu e Amazon. Embora esses serviços estejam desenvolvendo suas próprias marcas de programação original, os usuários ainda afluem para eles para se pôr em dia com os programas que perderam na televisão.

Isso também é verdade no YouTube. O consumo do conteúdo da televisão continua a crescer na nossa plataforma à medida que mais redes carregam clipes dos seus programas. Mencionei anteriormente que o campo de batalha das altas horas mudou, estando agora on-line, com praticamente todos os programas compartilhando novos clipes no seu canal no YouTube poucas horas depois — às vezes minutos — de eles serem transmitidos na televisão. Mas não são apenas os apresentadores das altas horas que estão encontrando novas audiências no YouTube; celebridades diurnas como Ellen DeGeneres e Wendy Williams também estão, assim como reality shows de competição como *The Voice* e *America's Got Talent*. É possível até mesmo assistir a segmentos diários do SportsCenter no YouTube.

Embora pareça absurdo que as redes revelem seu conteúdo de televisão on-line, uma pesquisa de opinião da Nielsen feita sob encomenda mostrou que as pessoas que assistem a um programa de televisão no YouTube ficam na verdade *mais* propensas a assistir a ele na televisão. E como o YouTube é global, isso proporciona aos produtores de programas um ponto de entrada em novos mercados, criando uma demanda que eles podem usar para obter o licenciamento do programa no exterior.

James Corden, cujo episódio de *Carpool Karaoke* com Adele se tornou o vídeo de maior influência do YouTube de 2016, se tornou um fenômeno global tão grande on-line que *The Late Late Show with James Corden* é hoje transmitido em mais de 150 mercados no mundo inteiro. O YouTube ajudou a transformá-lo no primeiro apresentador global de um programa de entrevistas. Les Moonves, o CEO of CBS, me disse que a experiência de James no YouTube modificou inteiramente a ideia da rede a respeito do que significa ter um programa de entrevistas bem-sucedido hoje em dia.

A popularidade da programação da televisão na nossa plataforma foi exatamente o motivo pelo qual lançamos o YouTube TV em abril de 2017. Reconhecemos que o declínio que as redes de televisão estavam vendo nas estatísticas de audiência tinham mais a ver com a acessibilidade do que com o conteúdo. Não é que as pessoas não estivessem interessadas nos programas exibidos na TV aberta e na TV a cabo, mas sim o fato de elas não poderem a assistir a eles da maneira como tinham se acostumado a assistir a todas as outras coisas: *on demand* e nos seus celulares.

Ao trabalhar com as redes de televisão para que ofereçam seu conteúdo em um aplicativo que funcione tão bem nos celulares como o YouTube funciona, acreditamos que podemos oferecer aos millennials que cancelaram suas assinaturas de TV a cabo, ou que, para começar, nunca tiveram uma, uma experiência pela qual que eles estariam dispostos a pagar.

Para mim, é assim que o futuro da mídia parece ser: mais continuações nas salas de cinema, mais programas de prestígio em todos os serviços de streaming e redes de televisão, e mais distribuição digital da televisão. À medida que um maior consumo de televisão se desloca para os serviços distribuídos na internet, os produtores de programas de televisão e as celebridades tradicionais se voltarão cada vez mais para a internet para alcançar novas audiências e expandir seu alcance além do horário especifico que lhe é destinado na televisão.

Ao mesmo tempo, os criadores da internet e as redes digitais como a AwesomenessTV continuarão a crescer e amadurecer, à medida que aspectos econômicos mais favoráveis os incentivam a criar vídeos mais ambiciosos, mais parecidos com o que vemos hoje na televisão. Ao passo que as duas mídias competem para adotar as melhores características uma da outra, elas evoluirão de uma maneira que as tornará indistinguíveis.

Essa evolução já está bastante avançada. O canal de Lilly Singh está repleto de colaborações com celebridades convencionais como Priyanka Chopra e The Rock, bem ao lado daqueles que destacam criadores populares do YouTube.

Ela é uma estrela que está à vontade nos dois mundos. Tyler Oakley fechou um acordo de parceria com Ellen DeGeneres para criar um conteúdo digital, que figura tanto no canal dele no YouTube quanto no dela, ajudando a expandir sua presença digital que já é grande. Shane Smith levou sua estética digital aprimorada para a televisão, inaugurando uma nova rede de televisão chamada Viceland, na qual até mesmo os anúncios parecem curtas-metragens. E Casey Neistat vendeu sua empresa de tecnologia, Beme, para a CNN, como parte de um acordo que o levará a criar um programa digital diário de notícias para a rede. Cada um desses *streampunks* está adotando uma abordagem diferente, mas todos estão acelerando a colisão da antiga mídia com a nova, ajudando, nesse processo, a empurrar o YouTube para o futuro.

Da sua parte, Jeffrey imagina esse futuro oferecendo um conteúdo on-line superpremium que é oferecido em pequenos capítulos e produzido a um custo por minuto semelhante ao dos programas do horário nobre na televisão. "Nunca estive mais convencido de que no dia em que for oferecido às pessoas esse nível de literatura e narração de histórias, distribuído em capítulos em versão reduzida, com menos de dez minutos de duração, próprios para os celulares, a coisa será explosiva."*

Em agosto de 2016, Jeffrey vendeu a DreamWorks Animation para a Comcast por quase US$ 4 bilhões, e fundou

*Jeffrey causou um pouco de agitação quando ofereceu aos criadores de *Breaking Bad* US$75 milhões por mais três episódios da série depois do seu final planejado na AMC. A mídia descreveu a oferta como se Jeffrey não quisesse que a série terminasse, mas na verdade ele queria oferecê-los como episódios *pay-per-view* de 36 minutos como uma prova precoce do valor do vídeo *premium* em formato reduzido. Infelizmente – alerta de spoiler – o final do programa tornou irrelevante esse experimento potencial. (*N. do A.*)

recentemente um novo empreendimento de tecnologia e mídia chamado WndrCo para realizar sua visão. "Estou recomeçando", me disse ele. "Não estou recomeçando no setor do cinema e da televisão."

Quando perguntei a Jeffrey onde ele achava que o vídeo on-line estava na sua evolução como veículo para contar histórias, ele me disse acreditar que estava onde a televisão estava na década de 1950. "O volume do conteúdo, a qualidade do conteúdo, o consumo do conteúdo, praticamente tudo, eu acho, ainda é muito básico, e tem um futuro enorme diante de si... Acho que ele vai evoluir de maneiras extraordinárias e excepcionais nas quais serão criados muitos bilhões de dólares de valor, em todos os aspectos dele: no aspecto da distribuição, no aspecto da publicidade, no aspecto das assinaturas e, o que é mais importante, no aspecto do conteúdo."

Evidentemente, compartilho do otimismo de Jeffrey, porque, independentemente de tudo o que o streaming de vídeo fez para transformar o cenário da mídia, a realidade é que ainda é principalmente por meio da televisão que as pessoas consomem vídeo hoje em dia. Por mais impressionante que tenha sido o crescimento do YouTube, seu potencial de ser uma fonte importante de entretenimento é ainda maior. E porque somos uma plataforma aberta — porque podemos ser tão acolhedores para uma criança que tenha acabado de ganhar seu primeiro smartphone quanto para uma importante empresa da mídia —, podemos oferecer um mix de conteúdo sem paralelo.

Mas essa abertura também significa que temos que agradar a muitas pessoas. A continuação do nosso sucesso depende de tomarmos medidas para garantir que estamos proporcionando uma experiência cativante para os espectadores, criadores e anunciantes, todos os quais têm muito mais opções no cenário atual da mídia do que tinham há apenas dez anos. Quando o YouTube é bem-sucedido, isso é gratificante para todo mundo; os criadores atraem espectadores, os espectadores atraem os anunciantes e os anunciantes preservam todo o ecossistema. Mas quando um conjunto de parceiros está insatisfeito, a repercussão pode ser sentida em toda a plataforma.

Nossa abertura também torna o futuro do YouTube mais difícil de prever. Anteriormente no livro, mencionei que Scooter sempre gosta de comparar seus artistas em ascensão a outras figuras de sucesso, uma estratégia usada com críticos e fãs sem distinção, para ajudar a conquistar publicidade. É uma tática comum na nova mídia. Shane chamou a Vice de tudo, desde "a próxima MTV" e "a próxima CNN" à "Time Warner das ruas". Brian disse que a AwesomenessTV é a nova Nicklelodeon. E Ted Sarandos, meu antigo chefe, declarou que a ambição da Netflix era se tornar a HBO mais rápido do que a HBO poderia se tornar a Netflix.

Mas, apesar do valor de relações-públicas dessa abordagem, qualquer comparação que tentemos criar para o YouTube não se sustenta. Não queremos ser a próxima HBO; não queremos ser a próxima MTV; nem mesmo queremos ser a próxima Time Warner. A verdade é que o mundo nunca tinha visto o que o YouTube está se tornando.

Conclusão: Uma janela para o mundo

Em 2015, minha mulher e eu decidimos fazer uma viagem a Cuba. O país exercia um certo fascínio para nós dois. No caso da minha esposa, que cresceu na República Dominicana, a apenas oitenta quilômetros de distância da ilha, Cuba parecia uma imagem levemente distorcida do seu próprio país. Ambos têm características geográficas semelhantes e mais ou menos o mesmo número de habitantes. A economia dos dois países é mais ou menos do mesmo tamanho, e os habitantes adoram rum, charutos e beisebol. Embora a mãe da minha mulher tenha precisado fazer um enorme sacrifício para que a filha pudesse estudar nos Estados Unidos, a República Dominicana é relativamente livre e aberta; Cuba continua a ser uma das sociedades mais fechadas do Ocidente, limitando a liberdade de expressão, a imprensa e — até 2013 — as viagens.*

Essa postura fechada estava por trás do meu interesse em visitar o país. Como fui criado na Tchecoslováquia comunista, eu desejava ver como ainda era a vida na Cuba comunista e verificar se eu conseguiria detectar qualquer semelhança com a minha própria criação.

---

*Informações dadas pelo autor no momento em que escreveu o livro, em 2015. *(N. do E.)*

A princípio, a Havana tropical não se parecia em nada com a gelada Praga. Eu poderia dizer que Havana se parecia mais com Paris — se esta última tivesse sido negligenciada durante cinquenta anos. Se você saísse de umas belas praças restauradas como a Plaza Vieja ou o Parque Central e caminhasse por uma rua lateral, veria fachadas *art déco* decadentes de prédios de três andares, ruas sem calçamento e água parada. Se olhasse além dos Chevrolets reluzentes modelo 1950 que transportam os turistas pela cidade, veria os mesmos Ladas soviéticos emitindo vapores nocivos que aprendi a dirigir na adolescência. Se você se afastasse dos restaurantes *paladares* de propriedade particular e fosse aos mercados públicos, veria prateleiras enxutas, exibindo apenas sacos de arroz e potes de azeitonas. Apesar das palmeiras, dos *mojitos* e do belo trecho na orla marítima ao longo do Malecón, muitas coisas me fizeram lembrar da minha infância.

Então, em uma das nossas últimas noites, um adolescente se aproximou de mim do lado de fora do Saratoga Hotel, onde minha esposa e eu estávamos hospedados, e perguntou se eu tinha o código de acesso do wifi do hotel. É difícil encontrar internet em Cuba, exceto nos poucos hotéis que atendem aos turistas internacionais e vendem o acesso por hora. Entreguei ao garoto um cartão que eu recebera mais cedo na recepção do hotel e o acompanhei até um pequeno grupo de adolescentes que estava do lado de fora do hotel, usando seus celulares e computadores para acessar a internet. Todos estavam conectados no YouTube.

Um deles estava assistindo aos melhores momentos de Cristiano Ronaldo. Outro estava vendo vídeos de música latino-americana. Um garoto vestindo shorts da bandeira norte-americana estava na verdade assistindo a esquetes recentes do *Saturday Night Live* (e isso foi antes de Alec Baldwin personificar Trump!). E um adolescente, coberto por tatuagens até o pescoço, estava assistindo a um vídeo educativo sobre a fabricação de roupas. Minha mulher, que estava traduzindo para mim, explicou que ele queria começar seu negócio de venda de camisetas.

Às vezes é fácil nos perdermos nos detalhes do que é preciso para dirigir o negócio do YouTube. Desde as intermináveis negociações necessárias para atrair novos conteúdos para a plataforma, às constantes propostas que temos fazer para atrair dinheiro de publicidade para garantir que nossos criadores tenham uma plataforma que os ajude a se desenvolver, há momentos que nos deixam aturdidos pela complexidade dessa empresa que atende a 1,5 bilhão de pessoas.

Mas, em momentos como aquele em Havana, você dá um passo atrás, quando se lembra de como o acesso à informação e ao entretenimento é para quem normalmente não tem acesso a eles. Você se lembra da força para o conhecimento, o prazer e o entendimento comum que o YouTube pode ser.

Eu estava exatamente na mesma posição que aqueles adolescentes cubanos quando era mais jovem. Minha versão dela envolvia mexer na antena do velho rádio da minha família, tentando captar um sinal embaralhado vindo de Berlim Ocidental, ou ir até o apartamento de um amigo da família para assistir a filmes contrabandeados em uma pequena televisão.

Embora eu só captasse um vislumbre do mundo exterior, isso foi o bastante para me fazer duvidar das coisas que o meu governo estava dizendo. Foi o bastante para fazer com que eu quisesse sair de Praga e me mudar para o Ocidente. E foi suficiente para fazer com que eu desejasse trabalhar na área do entretenimento, o que me levou a empreender uma jornada que começou na sala de correspondência da agência de talentos J. Michael Bloom em Beverly Hills e me conduziu a uma boa carreira, que abarcou três das mais influentes marcas da história.

Hoje, o YouTube está oferecendo uma janela muito maior para o mundo a milhões de pessoas que anteriormente jamais poderiam sonhar em ter acesso ao conteúdo educacional, de entretenimento e de notícias que nossa plataforma é capaz de oferecer gratuitamente.

Escrevi originalmente este livro para ajudar a contar a história da nossa empresa, tão singular; para explicar a jornada de uma nova geração de criadores e empreendedores para pessoas que não percebiam o impacto delas ou que achavam que isso não tinha importância. Eu queria demonstrar a importância das comunidades que Hank, John, Tyler, Lilly e Jenny estão formando. Eu queria ser sincero a respeito dos desafios que Adande, Matt, Jack e vários outros enfrentaram ao criar suas audiências. E eu queria mostrar como o trabalho pioneiro de Shane, Casey, Scooter e Brian estava mudando os alicerces da indústria da mídia.

Mas enquanto eu escrevia este livro, compreendi que, talvez, o maior valor de contar essas histórias não consiste simplesmente em mudar a maneira como as pessoas percebem atualmente o YouTube, mas em oferecer a uma nova classe de criadores e empreendedores independentes um guia para que possam lidar com o futuro da mídia. A próxima geração de apresentadores, educadores, diretores e empreendedores está por aí agora, tentando traçar seu caminho em um mundo repleto de oportunidades. Espero que um deles pegue este livro e adquira um novo entendimento do papel que o YouTube pode desempenhar na sua jornada.

O vídeo costumava ser o jardim com muros mais elevados na área do entretenimento; era o veículo mais caro e mais difícil de penetrar. Mas a distribuição global de plataformas gratuitas como o YouTube, aliada à onipresença dos smartphones, o transformou em um livre mercado, onde praticamente qualquer pessoa pode participar da competição. Algumas pessoas que presenciam esse fenômeno enxergam apenas uma cultura obcecada pela fama repleta de pessoas que só desejam atenção. Mas esses críticos só veem um reflexo pouco lisonjeiro de uma imagem muito mais significativa.

Os YouTubers estão melhorando a maneira como as matérias estão sendo ensinadas na sala de aula, elevando e empoderando grupos subrepresentados em sociedades ao redor do mundo, expandindo nossa visão da humanidade além das nossas fronteiras, construindo a próxima geração de prósperos pequenos negócios, elevando a autenticidade acima da fama, levando uma nova geração a se interessar por notícias e política, tornando os anúncios mais atrativos e expressivos, oferecendo aos músicos ambiciosos um novo caminho para o topo, e transformando a criação de vídeos on-line em uma das indústrias que cresce mais rapidamente no mundo.

Nada mau para um bando de *punks*.

Agradecimentos

Robert e Maany desejam agradecer, acima de tudo, aos milhões de *streampunks* cuja inventividade, criatividade e talento nos inspiram diariamente.

Queremos agradecer também a Susan, Scott, Neal e aos milhares de funcionários do YouTube ao redor do mundo: eles estão atrás do grande botão vermelho de play e garantem que isso sempre o conduza a um lugar fascinante.

Queremos agradecer especialmente àqueles cuja voz ecoa por todo este livro: John Green, cujo apoio foi crucial para que este livro se tornasse possível; Hank Green, que foi generoso com seu tempo nos dias mais atarefados do seu ano; Tyler Oakley, que nesta altura deve estar cansado de ser descrito como "autêntico", mas cuja natureza genuína é realmente inconfundível; Lilly Singh, que deixou de lado, com prazer, o seu livro para nos ajudar a escrever o nosso; Lee Soo-man, que é tão inovador, que talvez tenha realmente vindo do futuro; Jenny, Al, e toda a família Doan, cuja hospitalidade, calor humano e determinação formam o cerne deste livro; Conan O'Brien, que talvez seja, para sempre, a pessoa mais engraçada a visitar nossos escritórios; Bassem Youssef, que rechaça a opressão com um sorriso; Hayla Ghazal, que é contagiantemente irreprimível; Adande Thorne, cujas ideias poderiam (e deveriam!) sinceramente preencher seu próprio livro; Michelle Phan, uma das primeiras *streampunks* originais e uma inspiração para muitos (inclusive para nós); Jack Conte, o tipo de CEO ponderado que o Vale do Silício precisa ter em maior quantidade; Matthew Patrick, cuja dedicação só é superada pela sua gentileza; Shane Smith, que continua a viver uma das vidas mais interessantes de todos os tempos (e que realmente deveria escrever seu próprio livro); Tom Freston, que compreende para onde a cultura está se dirigindo melhor do que jamais poderíamos compreender; Casey Neistat, que nos deu mais citações excelentes em quarenta minutos do que poderíamos ter escrito em quarenta livros; Scooter Braun, cujas introspecção e extroversão resultam em uma combinação fatal; Brian Robbins, que quase arriscou a vida para falar em um evento do YouTube, sua amizade e comprometimento não têm limites; and Jeffrey Katzenberg, cujos aconselhamento e sabedoria continuam a mudar vidas e indústrias, inclusive a nossa.

Queremos agradecer também àqueles que nos ajudaram a dar forma a muitas das ideias deste livro, mesmo que não tenhamos sido escritores suficientemente talentosos para colocar suas citações nele: Matthew Ball, Rich Greenfield, George Strompolos e Shahrzad Rafati.

Também expressamos nossa gratidão a todas as pessoas que nos ajudaram de inúmeras maneiras a tornar este livro possível: Rosianna Rojas, Korey Kuhl, Lisa Filipelli, Jenny Dominguez, Mike Sweeney, Scott Mason, Nora Long, Eric Meyers, Penny Makras, Heather Drucker, Paul Marvucic, Zoë Di Stefano e Courtney Barmack.

E queremos reservar um agradecimento especial para Lisa DiMona, que nos orientou no mundo da criação de conteúdo, e para Hollis Heimbouch, que compreendeu nossa visão *streampunk* desde o início; sem ela, este livro teria sido muito maçante, com uma capa extremamente desinteressante.

Maany dedica um muito obrigado à sua esposa, Abby, pela sua paciência e orientação, e à sua família pelo seu estímulo e infinito reservatório de apoio e calor humano. Ele deseja também agradecer a Kevin Allocca por se solidarizar com ele e a Chris Dale e Matthew Teper por apoiá-lo. Ele deseja, ainda, agradecer a Kendra Desrosiers, Kevin Montler, Elizabeth de Luna, Jim Habig, Brandon Feldman, Alex Diaz e Marc Ellenbogen pelo seu atento feedback nas versões preliminares. E deseja agradecer especialmente a Michael Rucker, que foi o primeiro a dizer: "Alguém deveria escrever um livro a respeito disto."

Robert deseja agradecer à sua esposa, Luz, a primeira autora na família e que lhe apresentou esse caminho. Além disso, é claro, às suas filhas, Adriana e Isabella, que são diariamente seu orgulho e inspiração, e que entendem o assunto deste livro melhor do que ele jamais poderá compreender. Ele também deseja agradecer a seu pai, sua mãe e sua irmã por todo incrível apoio que lhe deram a vida inteira.

Os autores

Robert Kyncl é diretor de negócios do YouTube. Ele foi anteriormente vice-presidente de conteúdo da Netflix, onde liderou a aquisição de conteúdo para fazer o streaming de programas e filmes da televisão na internet. Robert é mestre em administração de empresas pela Pepperdine University e fez seu bacharelado em relações internacionais na SUNY — New Paltz. Ele mora em Los Angeles com a mulher e as duas filhas.

Maany Peyvan é redator principal no Google, onde cria conteúdo editorial e social, assessora a estratégia de comunicação executiva e define a redação de discursos para o YouTube. Ele foi nomeado para um cargo no governo Obama, atuando como redator de discursos na Agência Americana para o Desenvolvimento Internacional. É bacharel em biologia comportamental e mestre em relações internacionais, ambos os diplomas obtidos na Universidade Johns Hopkins.

best.
business

Este livro foi composto na tipografia Palatino LT Std,
em corpo 10,5/15, e impresso em papel off-white no Sistema
Cameron da Divisão Gráfica da Distribuidora Record.